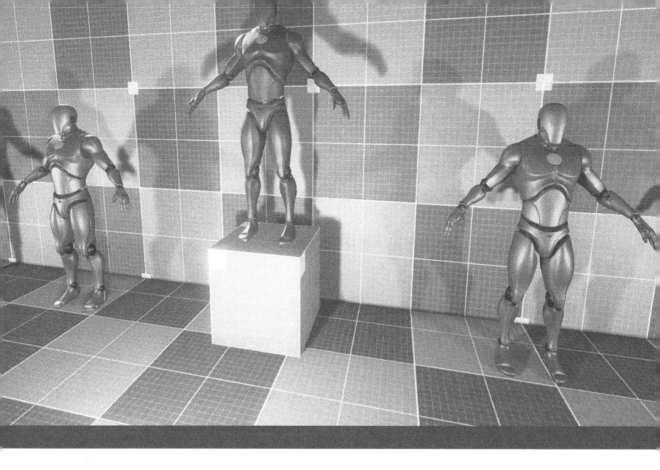

Unreal Engine 4
游戏开发指南

［印度］萨提斯·PV（Satheesh PV） 著

王晓慧 译

U0191158

人 民 邮 电 出 版 社

北 京

图书在版编目（CIP）数据

Unreal Engine 4 游戏开发指南 / （印）萨提斯·PV
(Satheesh PV) 著；王晓慧译. -- 北京：人民邮电出
版社，2019.9（2024.1重印）
ISBN 978-7-115-51621-3

Ⅰ. ①U… Ⅱ. ①萨… ②王… Ⅲ. ①游戏程序—程序
设计—指南 Ⅳ. ①TP317.6-62

中国版本图书馆CIP数据核字(2019)第135771号

版权声明

- ◆ 著　　　　[印度] 萨提斯·PV（Satheesh PV）

  译　　　　王晓慧

  责任编辑　谢晓芳

  责任印制　焦志炜

- ◆ 人民邮电出版社出版发行　　北京市丰台区成寿寺路 11 号

  邮编　100164　　电子邮件　315@ptpress.com.cn

  网址　https://www.ptpress.com.cn

  北京捷迅佳彩印刷有限公司印刷

- ◆ 开本：800×1000　1/16

  印张：13　　　　　　　　2019 年 9 月第 1 版

  字数：250 千字　　　　　2024 年 1 月北京第 12 次印刷

  著作权合同登记号　图字：01-2018-8406 号

定价：59.00 元

读者服务热线：**(010)81055410**　印装质量热线：**(010)81055316**
反盗版热线：**(010)81055315**
广告经营许可证：京东市监广登字 20170147 号

内 容 提 要

    Unreal Engine 4 是一套具有高度可移植性的游戏开发工具，它不仅可以开发 2D 游戏，甚至可以实现炫酷的视觉效果。本书旨在讲述如何通过 Unreal Engine 4 开发引人入胜的电子游戏。本书介绍了 Unreal Engine 4 的基础知识，如何下载引擎和导入资源，如何创建材质，如何通过后期处理技术增强场景的外观，如何使用光照提升场景的真实感，如何使用蓝图构建游戏原型，如何使用 Matinee 和级联粒子编辑器增强游戏的视觉效果，如何通过创建 UMG 控件为角色创建生命条，如何在 Unreal Engine 中编写 C++代码，如何打包和发布游戏。

    本书适合想要学习游戏设计与开发的读者阅读。无论是游戏开发领域的新手，还是普通的游戏爱好者，抑或是想成为游戏开发高手的读者，都能从本书获益。

译 者 简 介

　　王晓慧，北京科技大学机械工程学院工业设计系副教授。2014 年于清华大学计算机系获得博士学位，研究方向包括情感计算、虚拟现实、信息可视化、交互设计、数字化非物质文化遗产等。她是中国计算机学会会员、中国心理学会会员、中国图像图形学学会会员、中国工业设计协会信息与交互设计专业委员会高级会员。在 *IEEE Transactions on Affective Computing*、*The Visual Computer*、*ACM Multimedia* 和 ICIP 等重要国际刊物上发表论文 20 余篇。主持的项目包括国家自然科学基金 1 项、北京市社会科学基金 1 项、北京市科技计划项目 1 项、中国博士后科学基金 1 项、中央高校基本科研业务费两项、CCF-腾讯犀牛鸟创意基金 1 项、北京科技大学-台北科技大学专题联合研究计划 1 项等。其中，自主研发的虚拟现实数字工厂系统擅长大规模模型处理，已成功应用于核电站、石化、检测仪器等工业领域。编写过《Unreal Engine 虚拟现实开发》，翻译过《精通 Unreal 游戏引擎》《网络多人游戏架构与编程》。获得第十四届（2018）光华龙腾奖中国设计业十大杰出青年百人榜、2018 年人民邮电出版社异步社区优秀作者奖、ACM Multimedia 2012 重大技术挑战奖等荣誉。担任 *International Journal of Communication Systems*、*Neurocomputing* 和《自动化学报》等期刊的审稿人。主讲本科生的"交互设计技术""信息可视化""可视化人文""智能产品技术""游戏设计"课程，研究生的"人工智能技术与设计应用"课程。

作 者 简 介

    Satheesh PV 是一位生活在印度孟买的游戏程序员。他被 Epic Games 选为 Unreal Engine 4 公开发布之前的封闭测试版测试人员之一。他通过在 2012 年与他的兄弟和好朋友使用 Unreal Engine 开发工具包开发了第一人称多人游戏，开始了自己的职业生涯。他还创建了 Unreal X-Editor，这是一个为 UnrealScript 开发的集成开发环境，是 Unreal Engine 3 的脚本语言。他还是 Unreal Engine 论坛的主持人、重要成员和引擎贡献者。

审校者简介

Omer Shapira 是一位艺术家、软件开发人员和虚拟现实研究人员。他曾在耐克、谷歌、微软、迪士尼、环球影业和三星等公司从事游戏引擎项目的相关工作。他的作品已经在圣丹斯电影节、大西洋电影节、《纽约时报》杂志、《卫报》杂志、《连线》杂志、Adage 网站和 Eyebeam 网站上展出，并在翠贝卡电影节（Tribeca Film Festival）、奥地利电子艺术节（Ars Electronica）、国际艺术指导协会（Art Directors Club）上获奖，还荣获了威比（Webbys）奖。

Omer Shapira 目前是体验设计工作室 Fake Love 的虚拟现实和游戏引擎主管。之前，他曾在 Framestore、纽约大学媒体研究实验室和麻省理工学院媒体实验室担任开发人员，并担任第 10 频道的电影制作人和 VFX 艺术家。Omer Shapira 曾在特拉维夫大学学习数学，并在纽约大学学习人机交互。

Omer Shapira 编写的四维视频游戏 Horizon（用 Unreal Engine 编写的）于 2017 年发布。

可以在 omershapira 网站上找到他。

感谢那些为我编写游戏引擎做出巨大贡献的人，他们是 Ken Perlin、Casey Muratori、Jonathan Blow、Fred Ford 和 Paul Reiche III。

感谢我的父母 Surya Mattu 和 Jenn Schiffer。

前　　言

本书面向对虚幻引擎感兴趣的读者，旨在讲述如何制作电子游戏。本书会介绍什么是 Unreal Engine、如何下载和使用它。本书将讲解 Unreal Engine 4 提供的一系列工具，包括材质、蓝图、Matinee、UMG、C++等。

本书内容

第 1 章是本书的基础。该章介绍如何和在哪里下载 Unreal Engine，了解源代码版本和启动器版本之间的区别。Unreal Engine 安装（如果是源代码版本，则是编译）之后，展示 Unreal Engine 的用户界面。该章还讲述浏览器、BSP 以及如何更改游戏的启动画面和图标。

第 2 章讲述在启动并运行 Unreal Engine 后如何将自定义的 FBX 资源导入 Unreal Engine。该章还介绍碰撞、材质和细节级别（Level Of Detail，LOD）。

第 3 章讨论材质编辑器以及用于为资源创建着色器的一些常用节点。在学习材质的基础知识后，将创建一个可以改变法线贴图强度的示例材质函数。

第 4 章讨论如何进行后期处理。该章将介绍如何重写默认的后期处理设置。接着，将讲述如何添加自己的后期处理体积（Post Process Volume），并展示一个简单但非常强大的功能——查找表。之后，我们将创建一个可以与后期处理一起使用的特殊材质，该材质能够突出显示世界场景中的用户自定义对象。

第 5 章是本书中承前启后的一章，介绍光照系统。首先，介绍基础知识，例如，如何放置光源和常规设置。然后，讨论有关 Lightmass 全局光照系统的更多信息，包括如何为资源正确设置 UV 通道，如何与 Lightmass 一起使用。最后，讲述如何使用 Lightmass 并设置 Lightmass 来构建场景。

第 6 章将阐述蓝图是什么以及 Unreal Engine 提供的各种类型的蓝图。蓝图是 Unreal

Engine 的重要工具，允许艺术家和设计师快速地制作游戏原型（甚至制作游戏）。该章还将介绍不同的图表类型（如事件图表、函数图表、宏图表等），以及如何在运行时动态生成蓝图。

第 7 章重点介绍 Unreal Engine 4 在电影方面的用途以及与之相关的工具——Matinee。该章讨论什么是 Matinee，如何创建 Matinee 资源以及如何使用用户界面。在介绍基础知识之后，该章将讨论如何操作 Matinee 中的对象，以及创建一个基本的过场动画，后面将使用蓝图来触发它。

第 8 章讲述如何创建基本的平视显示器（Head Up Display，HUD）以显示玩家的生命值。虚幻动态图形（Unreal Motion Graphics，UMG）是虚幻引擎中的 UI 创作工具。UMG 用于创建玩家 HUD、主菜单、暂停菜单等。该章还介绍如何创建 3D 小部件，这些小部件可以放置在世界场景中或附加到 Actor 类中。

第 9 章介绍一个非常强大和鲁棒的工具——级联粒子编辑器，并讲述如何创建粒子系统，因为没有良好的视觉效果就没有好的游戏。该章还展示如何将级联粒子编辑器与简单的蓝图脚本结合起来，以生成随机爆发的粒子。

第 10 章介绍 C++。通过查看第三人称模板角色类，该章首先介绍如何获取 Visual Studio 2015 社区版以及 C++ 的基础知识。然后，该章讨论如何扩展此角色类以增加对生命和生命恢复系统的支持，以及如何为蓝图编辑器提供变量和函数。

第 11 章是本书最后一章，该章将汇总本书的所有内容，包括一些技巧。最后，该章讨论如何创建游戏的发布版本。

阅读本书的准备

在计算机上安装 Unreal Engine 4.9 或更高版本。

本书读者对象

本书面向所有对使用 Unreal Engine 4 开发游戏感兴趣的人。如果你热衷于开发游戏并想了解 Unreal Engine 4 的基础知识及其工具，那么本书将帮助你快速开启这一旅程。Unreal Engine 4 是为所有平台（包括移动设备和控制台）创建下一代视频游戏的开始。

本书约定

本书采用一些样式来区分不同类型的信息。以下是这些样式的一些示例以及说明。

代码块格式如下。

```
void APACKT_CPPCharacter::RegenerateHealth()
{
    if (Health >= GetClass()->GetDefaultObject<ABaseCharacter>()-
>Health)
    {
        Health = GetClass()->GetDefaultObject<ABaseCharacter>()-
>Health;
    }
    else
    {
        Health += RegenerateAmount;
        FTimerHandle TimerHandle_ReRunRegenerateHealth;
        GetWorldTimerManager().SetTimer( TimerHandle_
ReRunRegenerateHealth, this, &APACKT_CPPCharacter::RegenerateHealth,
RegenDelay );
    }
}
```

新术语和**重要词汇**以粗体显示。在屏幕上（例如，在菜单或对话框中）看到的词汇会在本书中的显示方式如下。"登录后，可以通过单击 **Get Unreal Engine（获取虚幻引擎）**下的按钮 **Download（下载）**来下载启动器。"

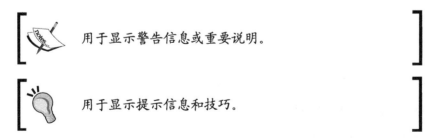

用于显示警告信息或重要说明。

用于显示提示信息和技巧。

读者反馈

欢迎读者的反馈。让我们知道你对本书的看法——喜欢什么或者不喜欢什么。读者反馈对我们很重要，它可以帮助我们出版优质的图书。

要向我们发送一般的反馈，只须发送电子邮件至 feedback@packtpub.com，并在邮件主题中提及本书的书名即可。

如果你对某一方面有专业的见解，有兴趣撰写图书或为图书贡献内容，请参阅 packtpub 网站上的作者指南。

客户支持

既然你购买了 **Packt** 图书，那么在你购买的同时可以获取配套资源。

下载示例代码

可以登录 packtpub 网站并下载本书的示例代码文件。如果你在其他地方购买了本书，则可以访问 packtpub 网站并进行注册，文件将直接通过电子邮件发送给你。

请按照如下步骤下载代码文件。

（1）使用你的电子邮件地址和密码登录或注册 packtpub 网站。

（2）将鼠标指针悬停在顶部的 **SUPPORT** 选项卡上。

（3）单击 **Code Downloads & Errata**。

（4）在 **Search** 框中输入图书的名称。

（5）选择要下载代码文件的图书。

（6）从本书的购买来源的下拉菜单中进行选择。

（7）单击 **Code Download** 按钮。

下载文件后，确保使用以下最新版软件解压缩文件夹：

- Windows 版 WinRAR/7-Zip；
- Mac 版 Zipeg/iZip/UnRarX；
- Linux 版 7-Zip/PeaZip。

下载本书的彩色图像

我们还为你提供了一个 PDF 文件，其中包含本书使用的屏幕截图/图的彩色图像。彩色图像将帮助你更好地了解输出的变化。可以从 packtpub 网站下载此文件。

勘误表

虽然我们已经尽力确保内容的准确性，但确实也会发生错误。如果你在某本书中发现错误（可能是文本或代码的错误），请告诉我们，我们将不胜感激。这可让其他读者少走弯路，并帮助我们改进本书的后续版本。如果需要勘误，请通过访问 packtpub 网站，选择本书，单击 **Errata Submission Form** 链接，并输入勘误表的详细信息。一旦勘误得到验证，你的提交将被接受，勘误表将上传到我们的网站，或将它添加到现有勘误表中。

要查看以前提交的勘误表，请访问 packtpub 网站并在搜索字段中输入该书的名称。所需信息将显示在 **Errata** 部分。

盗版问题

互联网上的盗版书是所有媒体一直面临的问题。Packt 非常重视保护版权。如果你在互联网上发现盗版的 Packt 图书，请立即向我们提供地址或网站名称，以便我们采取补救措施。

请通过 copyright@packtpub.com 与我们联系，并提供可疑盗版资料的链接。

感谢你帮助保护作者并为我们提供有价值的内容。

问题

如果有关于本书的任何问题，可以发邮件至 questions@packtpub.com，我们会尽力解决你的问题。

致　谢

我借此机会感谢我的家人，他们是我真正的灵感来源。感谢他们在我撰写本书时给予的指导和持续的支持。感谢 Epic Games 向世界免费开放这样一款惊人的引擎！Epic Games 团队是最棒的！

向我的未婚妻 Gale Fernandes 表示由衷的感谢，没有她的支持和建设性的意见，就没有本书。

还要感谢我的兄弟 Rakesh PV 指引我走进游戏世界和游戏技术的殿堂。通过他，我学到了与游戏相关的一切，我很自豪地说他是我的第一个导师。

向我的好朋友 Alexander Paschall（Epic Games）、Chance Ivey（Epic Games）和 Reni Dev 表示深深的谢意，我与他们共同开发了我的第一款游戏。

我还要感谢良师益友 Nathan Iyer（Rama）在 C++编程方面的大力支持。他通过有关 C++的精彩文章和例子，在 Unreal Engine 社区中教过很多人（其中也包括我）。他审阅了本书第 10 章，指出了技术错误并给出了修改建议。

最后，感谢 Vasundhara Devi 和 Lucy Fernandes 给我的欢乐时光。

资源与支持

本书由异步社区出品，社区（https://www.epubit.com/）为您提供相关资源和后续服务。

配套资源

本书配套资源包括相关示例的源代码。

要获得以上配套资源，请在异步社区本书页面中单击 配套资源 ，跳转到下载界面，按提示进行操作即可。注意，为保证购书读者的权益，该操作会给出相关提示，要求输入提取码进行验证。

如果您是教师，希望获得教学配套资源，请在社区的本书页面中直接联系本书的责任编辑。

提交勘误

作者和编辑会尽最大努力来确保书中内容的准确性，但难免会存在疏漏。欢迎您将发现的问题反馈给我们，帮助提升图书的质量。

当您发现错误时，请登录异步社区，按书名搜索，进入本书页面，单击"提交勘误"，输入勘误信息，单击"提交"按钮即可（见下图）。本书的作者和编辑会对您提交的勘误进行审核，确认并接受后，您将获赠异步社区的 100 积分。积分可用于在异步社区兑换优惠券、样书或奖品。

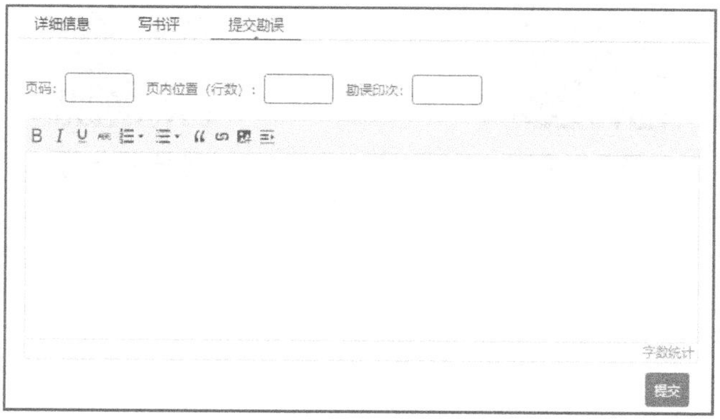

与我们联系

我们的联系邮箱是 contact@epubit.com.cn。

如果您对本书有任何疑问或建议，请您发邮件给我们，并请在邮件标题中注明本书书名，以便我们更高效地做出反馈。

如果您有兴趣出版图书、录制教学视频，或者参与图书翻译、技术审校等工作，可以发邮件给我们；有意出版图书的作者也可以到异步社区在线提交投稿（直接访问www.epubit.com/selfpublish/submission 即可）。

如果您所在学校、培训机构或企业想批量购买本书或异步社区出版的其他图书，也可以发邮件给我们。

如果您在网上发现有针对异步社区出品图书的各种形式的盗版行为，包括对图书全部或部分内容的非授权传播，请您将怀疑有侵权行为的链接发邮件给我们。您的这一举动是对作者权益的保护，也是我们持续为您提供有价值的内容的动力之源。

关于异步社区和异步图书

"异步社区"是人民邮电出版社旗下 IT 专业图书社区，致力于出版精品 IT 技术图书和相关学习产品，为作译者提供优质出版服务。异步社区创办于 2015 年 8 月，提供大量精品 IT 技术图书和电子书，以及高品质技术文章和视频课程。更多详情请访问异步社区官网https://www.epubit.com。

"异步图书"是由异步社区编辑团队策划出版的精品 IT 专业图书的品牌，依托于人民邮电出版社近 30 年的计算机图书出版积累和专业编辑团队，相关图书在封面上印有异步图书的 LOGO。异步图书的出版领域包括软件开发、大数据、AI、测试、前端、网络技术等。

异步社区

微信服务号

推荐课程

    异步社区提供了"虚幻引擎基础视频课程",旨在通过视频帮助读者快速掌握使用 Unreal Engine 4 开发虚幻游戏的方法和技巧。本课程由知名的 Unreal Engine 培训机构开发和制作,通过详细的操作演示和经典的案例指导读者了解 Unreal Engine 4 的使用技巧。整个课程内容丰富、循序渐进,非常适合作为游戏开发人员、计算机专业的学生、游戏设计或美术相关专业的学生的配套学习资源。

    购买本书的读者可以获得 50 元优惠券,在购买本视频课程时可以直接减免 50 元。

    优惠券兑换码是 QjCGKSJp(区分大小写)。

- **优惠券的使用方式:** 访问异步社区官网 www.epubit.com,搜索 "虚幻引擎基础视频课程",进入课程详情页,单击"立刻购买"按钮后,在订单结算页中单击"兑换优惠码"选项,输入优惠券兑换码,即可减免 50 元。

- **观看视频课程的方式:** 购买后,在"个人中心"页面的"内容中心"中,单击"我的订单",可以看到已购买的课程。

    注意,优惠券对于每个用户限用一次,优惠券在兑换后 100 天内下单购买有效。

目 录

第 1 章
Unreal Engine 4 简介

欢迎阅读本书。本章首先讲述如何下载虚幻引擎的源代码版本和启动器版本，然后介绍 Unreal Engine 4 的用户界面和内容浏览器。

1.1 下载 Unreal Engine 4

Unreal Engine 4 是免费（包括之后所有的更新）下载和使用的。可以获得 Unreal Engine 4 的所有工具、免费示例内容、完整的 C++ 源代码，包括整个编辑器的代码及其所有工具；还可以访问官方文档（包含教程和资源），以及 UE4 商店（它提供了大量免费和收费的内容）。

有两个不同的 Unreal Engine 4 版本可供下载。一个是启动器（二进制）版本，另一个是 GitHub（源代码）版本。启动器版本和 GitHub 版本的区别如下。

- **启动器版本**：由 Epic 编译，通过启动器获得。可获得启动器版本的所有源文件（*.cpp），但由于启动器版本不生成解决方案文件，因此无法对 Unreal Engine 进行任何修改。

- **GitHub 版本**：没有任何二进制文件，因此必须自己编译引擎。可以获得整个源代码，并且可以在 Unreal Engine 中修改任何内容。可以添加新的功能，修改现有功能或删除它们（没有人会这样做），并在 GitHub 上创建合并请求（pull request），因此如果 Epic 喜欢它，则会将它正式集成到 Unreal Engine 中。

下面介绍如何下载这两个版本。

1.1.1 下载启动器版本

要下载 Unreal Engine 4 的启动器版本，肯定需要启动器。下载启动器的步骤如下。

（1）访问 unrealengine 网站，使用你的账号登录。

（2）登录后，单击 **Get Unreal Engine**（获取虚幻引擎）下的 **Download**（下载）按钮下载启动器版本（见下图）。①

安装后第一次打开启动器时，会自动下载最新版本的 Unreal Engine 4。②如果没有，那么选择 **Library**（库）选项卡并单击 **Add Versions**（**安装新版虚幻引擎**），如下图所示。这时出现一个新的引擎插槽，在这里选择虚幻引擎的版本并进行安装。

1.1.2 下载 GitHub 版本

下载 Unreal Engine 4 的 GitHub 版本的步骤如下。

---

① 若网站更新，界面会有所不同，只须找到 Download 按钮即可下载。——译者注
② 在翻译本书时 Unreal Engine 4 的版本已经更新至 4.21.1，界面有些变化。——译者注

（1）创建一个 GitHub 账号（免费）。

（2）访问 unrealengine 网站，更新 GitHub 账号并单击 **Save**（**保存**）按钮（见下图）。

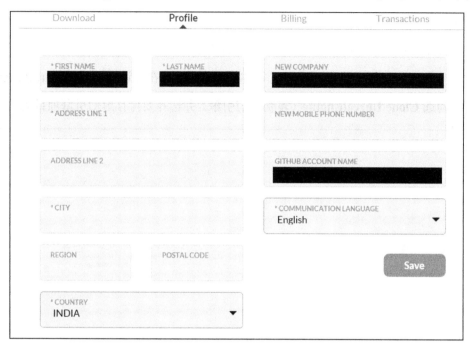

1. 复刻 Unreal Engine 项目

将 GitHub 账号与 Unreal Engine 账号成功链接后，登录 GitHub 并找到 Unreal Engine 项目。

　确保已将你的 GitHub 账号与 Unreal Engine 账号相关联。否则，无法看到 Unreal Engine 项目。

在项目页面上，执行以下操作。

（1）单击页面右上角的 **Fork**。

（2）选择你的用户名，将 Unreal Engine 项目复制到你的 GitHub 库中。

（3）下载适用于 Windows 的 GitHub（如果是 Windows 系统）或适用于 Mac 的 GitHub（如果是 Mac 系统）并安装。

需要这个 Git 客户端来复制（下载）已经复刻的项目，对 Unreal Engine 4 按自己的要求进行更改，将更改作为合并请求提交给 Epic 以将它们集成到编辑器中。

要复制已经复刻的项目，步骤如下。

（1）启动 GitHub 并登录。

（2）如下图所示，单击 Git 客户端左上角的加号（+）。

（3）单击 **Clone**（复制）选项卡并选择你的**用户名**（现在应该可以看到 UnrealEngine）。

（4）勾选 **Clone UnrealEngine**（复制虚幻引擎）并选择要保存虚幻引擎项目的文件夹。

（5）单击 **OK**（确定）按钮。

（6）现在应该可以看到 GitHub 将 Unreal Engine 复制到你的硬盘上了。

复制完成后，找到该目录并运行 Setup.bat 文件。

（1）这将下载编译 Unreal Engine 4 所需的所有必要文件，并且安装 Unreal Engine 4 的所有必需文件。

（2）这可能需要一些时间，取决于你的网速，因为要下载超过 2GB 的文件。

2．编译虚幻引擎

Setup.bat 运行完后，运行 GenerateProjectFiles.bat，将生成 Visual Studio 解决方案文件。打开 UE4.sln 文件，现在已准备好编译自己的 Unreal Engine 4 的副本了。在 **Solution Explorer**

（解决方案资源管理器）中右击 UE4，然后单击 **Build**（构建），如下图所示。

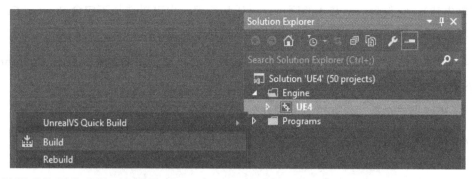

根据系统硬件配置，这将需要 15～60min 的时间。所以坐下来，喝一杯咖啡，等 Unreal Engine 4 完成编译。

1.2 了解 Unreal Engine 4

一旦 Unreal Engine 4 完成编译（或下载，如果使用的是启动器版本），则可以启动它。

- **启动自定义构建**：在 Visual Studio 中按 F5 键开始调试 Unreal Engine 4 或导航到下载目录，进入 Engine\Binaries\Win64 文件夹，双击 UE4Editor.exe。

- **启动启动器构建**：只要单击 **Launch**（启动）按钮，就可以开始了。

编译引擎后的第一次启动可能会经历很长的加载时间。这是因为 Unreal Engine 4 将为平台优化内容以获得数据缓存。这是一次性过程。

出现启动画面后可以看到虚幻项目浏览器。执行以下步骤。

（1）选择 **New Project**（新建项目）选项卡，这是创建新项目的位置（见下图）。

（2）在本书中，建议使用 **Blank Blueprint Project**（空白蓝图项目）。因此，在 **Blueprint**（蓝图）选项卡中，选择 **Blank**（空白）项目。

（3）选择项目所需的平台。有 **Desktop/Console**（桌面/游戏机）和 **Mobile/Tablet**（移动设备/平板电脑）两个平台可用。可以任意更改这个设置，第二个设置是平台的图形设置。如果选择 **Desktop/Console**（桌面/游戏机），最好使用 **Maximum Quality**（最高质量）。如果项目是面向 **Mobile/Tablet**（移动设备/平板电脑）的，应该选择 **Scalable 3D or 2D**（可缩

放的 **3D 或 2D**），这是针对低端 GPU 的。最后一个设置是从 Epic 添加一些 **Starter Content**（**初学者内容**），它包含一些基本的网格、材质和纹理。也可以选择**不包含 Starter Content**（**初学者内容**），因此该项目将仅包含所选项目的基本元素。

（4）请注意，在为 **Mobile/Tablet** 平台创建项目时，建议不要包含 **Starter Content**（**初学者内容**），这将明显增加项目的包大小。

（5）设置项目名称，选择项目的保存位置。

（6）单击 **Create Project**（**创建项目**）按钮启动 UE4 项目（见下图）。

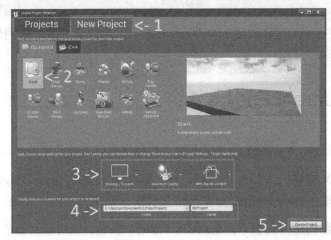

下图是 Unreal Engine 4 的用户界面。[①]

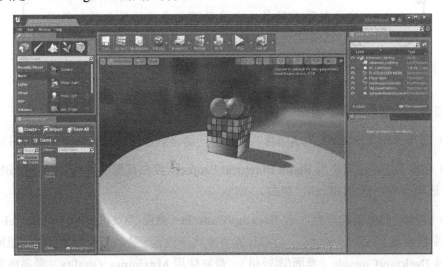

① 版本不同，默认的启动画面也会有所不同。——译者注

Unreal Engine 4 启动后，可以看到类似于前面屏幕截图的画面。如果选择了 **Starter Content**（初学者内容），则默认显示此画面。如果跳过 **Starter Content**（初学者内容），那么启动画面将会有所不同。

1.2.1　视口工具栏

视口工具栏包含在整个关卡设计中使用的各种工具（见下图）。快速浏览一下它们。

- **Transform Tools**（变换工具）：其中包含的 3 个工具分别是平移工具、旋转工具和缩放工具。

- **Coordinate System**（坐标系）：让你在世界轴（世界场景）或自己的本地轴（局部空间）上移动、旋转或缩放 Actor。默认情况下，在世界轴上启动虚幻编辑器，单击图标可进行切换。地球图标表示世界场景，立方体图标表示本地空间。

- **Snapping and Move Grid**（捕捉和移动网格）：捕捉允许将一个 Actor 与另一个 Actor 的表面对齐，移动网格允许与场景中的三维隐式网格对齐。

- **Rotation Grid**（旋转网格）：提供增量旋转捕捉。

- **Scale Grid**（比例网格）：捕捉添加的增量。

可以在 **Editor Preferences**（编辑器偏好设置）中调整平移、旋转和缩放工具的捕捉偏好设置。选择 **Edit**（编辑）→ **Editor Preferences**（编辑器偏好设置）→ **Viewport**（视口），滚动到 **Grid Snapping**。

- **Camera Speed**（相机速度）：控制相机在视口中移动的速度。

可以通过按住鼠标右键（在使用 W 键、A 键、S 键和 D 键进行控制时）并向上或向下滚动鼠标滚轮来微调相机速度，以加快或减慢相机的移动速度。

- **Maximize Viewport**（最大化视口）：在单一视口和分屏 4 视图样式之间切换。

可以通过更改 **Layouts**（布局）选项来调整视口的布局，如下图所示。

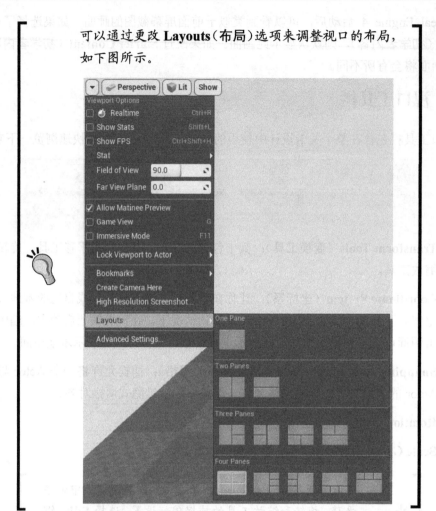

本章后面将讨论如何使用二进制空间划分（**Binary Space Partitioning，BSP**）更改一些项目设置，如启动画面、游戏图标等。

1.2.2　Modes 选项卡

Modes（模式）选项卡包含编辑器的 5 种模式（见下图），具体如下。

- **放置**（**Place**）模式（快捷键为 Shift + 1）：可以快速放置最近放置的对象以及引擎基本元素，如光源、几何体、触发器、体积等。

- **描画**（**Paint**）模式（快捷键为 Shift + 2）：也称为 **Mesh Paint**（网格绘制），可以在

Level Viewport（关卡视口）中以 Static Mesh（静态网格）交互式地绘制顶点颜色。

- 地貌（**Landscape**）模式（快捷键为 Shift + 3）：可以在虚幻编辑器中创建新景观，或从外部程序（如 **World Machine**、**TerreSculptor** 等）中导入高度图并对它进行修改。

- 植被（**Foliage**）模式（快捷键为 Shift + 4）：可以在 **Landscapes**（**地貌**）、其他静态网格物体等对象上绘制或擦除多个静态网格物体。典型的工作流程是大面积绘制草、树等。

- 几何体编辑（**Geometry Editing**）模式（快捷键为 Shift + 5）：允许编辑 BSP 画笔。

1.2.3 Content Browser

Content Browser（**内容浏览器**）是项目的核心，在此处创建、导入、查看、编辑、组织和修改游戏的所有资源。可以在 Content Browser 中重命名、删除、复制资源，在不同文件夹之间移动资源，就像在 Windows 资源管理器中一样。此外，在 Content Browser 中可以根据关键字或资源类型搜索特定资源，还可以通过添加"-"（连字符）作为前缀从搜索中去掉某些资源。

可以创建 **Collections**（**集合**）组织常用的资源以便进行快速访问。

> 集合只是对资源的引用，而不会将资源移动到集合中。
> 这意味着单个资源可以存在于多个集合中，可以创建
> 无数个集合。

有 3 种类型的集合。

- **共享集合**（**Shared Collection**）：这些集合对你和其他用户都可见。仅当启用 **Source Control**（源代码管理，如 Perforce、Subversion 等）时，此选项才处于可用状态。

- **私有集合**（**Private Collection**）：仅对受邀可见的人才可见。仅当启用 **Source Control**（源代码管理，如 Perforce、Subversion 等）时，此选项才处于可用状态。

- **本地集合**（**Local Collection**）：只有你自己可用，这意味着它们只存在于本地计算机上。

如果要将资源从一个项目移到另一个项目，则应右击该资源并选择 **Migrate**（**迁移**），将该资源及其所有依赖项复制到新项目中。

通过按 Ctrl + Shift + F 快捷键或从菜单栏上的 **Windows**（**窗口**）菜单打开 Content Browser。可以同时拥有 4 个 Content Browser 实例。

当要将资源移动到不同文件夹或浏览不同文件夹中的各种资源时，以下窗口非常有用。

Content Browser 中的 View Options（视图选项）

使用 View Options 可以执行以下操作。

- 更改缩略图大小。

- 更改视图样式。

- 修改 3D 缩略图等。

可以从内容浏览器的右下角访问 **View Options**（见下图）。

1.2.4 World Outliner 视图

　　World Outliner（世界大纲）视图以树视图显示关卡中的所有 Actor（见下图）。可以在 World Outliner 视图中选择和修改 Actor。右击 World Outliner 视图中的 Actor，将显示与 **Viewport**（视口）中一样的上下文菜单，因此无须在 **Viewport**（视口）中找到它们，也可对其进行修改。还可以将一个 Actor 拖动到另一个 Actor 并合并它们。

　　World Outliner 视图可以搜索特定的 Actor。在搜索词之前添加"-"（连字符）可以去掉特定的 Actor，还可以通过在搜索词之前添加"+"强制完全匹配。

1.2.5　Details 面板

Details（细节）面板显示视口中选定对象的所有特定信息、实用程序和函数，以及所选 Actor 的所有可编辑属性，并根据所选 Actor 提供其他功能。例如，如果选择的是 **Blueprint**（蓝图），Details 面板将显示与该蓝图相关的所有内容，即变量、蓝图图表事件等；如果选择的是 **Static Mesh**（**静态网格**）Actor，Details 面板将显示应用了哪种材质和碰撞设置、物理设置、渲染设置等。Details 面板可以被某个 Actor 锁定，不根据 Actor 的选择而变化。与内容浏览器类似，可以同时打开 Details 面板的 4 个实例。

1.2.6　浏览视口

使用鼠标和键盘可轻松浏览视口。浏览视口的高级说明请参见 Unreal Engine 4 Document 网站上关于 ViewportControls 的说明。

视口的左下角（见下图）有一个小问号按钮。单击它可以看到一些常用的视口快捷键。

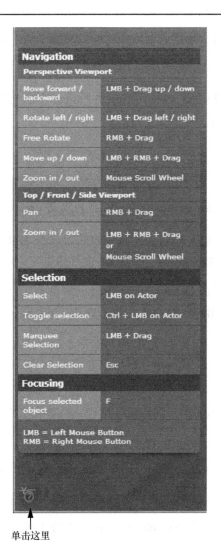

单击这里

1.3 BSP

既然对 Unreal Engine 4 的用户界面已经有了一些了解，我们就使用 BSP 创建一个简单的关卡。BSP 是一种几何工具（也称为几何画笔或简称画笔），用于快速制作关卡原型（也称为勾画关卡）。一些开发人员更喜欢称 **BSP** 为**构造实体几何**（**Constructive Solid Geometry，CSG**），这是更准确的术语，因为虚幻编辑器中的几何体是通过增减画笔来创建的。自从 Unreal Engine 首次发布以来，BSP 就一直存在。虽然很久以前 BSP 用于关卡设计，但后来静态网格代替了 BSP，因为 BSP 在性能上需要更大的开销。

所以基本上，BSP 只用于构建关卡原型。一旦掌握了关卡的基本概念，就应该用静态网格替换它。

 CSG 和 BSP 都指代 Unreal Engine 中的几何体，两者是一样的。

创建 BSP

Unreal Engine 4 中有 7 种画笔，它们都可以在 **Details**（细节）面板中自定义，具体如下。

- **盒体（Box）**：可以调整 *X*、*Y*、*Z* 轴并将它设置为 **Hollow**（空心），这用于快速制作房间，调整 **Wall Thickness**（壁厚），也就是定义内墙的厚度。

- **锥体（Cone）**：可以在 **Details**（细节）面板中自定义边数、高度以及内外半径；也可以将它设置为 **Hollow**（空心）并调整 **Wall Thickness**（壁厚）以定义内墙的厚度。

- **圆柱体（Cylinder）**：可以在 **Details**（细节）面板中自定义边数、高度以及内外半径。也可以将它设置为 **Hollow**（空心）并调整 **Wall Thickness**（壁厚）以定义内墙的厚度。

- **曲线楼梯（Curved Stair）**：创建弧状楼梯，该楼梯具有弧度，但不能绕自己盘旋。

- **线性楼梯（Linear Stair）**：创建不带弧度的楼梯。

- **螺旋式楼梯（Spiral Stair）**：创建螺旋式楼梯，它可以绕自己盘旋。

- **球体（Sphere）**：创建球体形状。可以在 **Details**（细节）面板中自定义半径。

就像 Actor 一样，可以使用 **Transform Tools**（变换工具）根据需要进行移动、旋转和缩放。

有如下两种类型的画笔。

- **加法（Additive）**：这些画笔是实心的。它将几何体添加到关卡中。例如，使用加法类型创建墙、地板、天花板等。

- **减法（Subtractive）**：这些画笔是空心的。它从先前创建的加法画笔中减去实体。例如，使用减法类型在墙上创建窗户或门。

还可以将 BSP 几何体转换为 **Static Mesh**（静态网格）并将它保存在 **Content Browser**（内容浏览器）中，但请记住，它们没有 UV 或其他材质元素。值得一提的是，这不是一个好的或值得推荐的工作流程。建议只使用 BSP 勾画关卡，之后导入从 DCC 应用程序创建的资源。

 可以切换到 **Geometry Editing**（几何编辑）模式（按 Shift + F5 快捷键）来编辑顶点和创建自定义形状。

1.4　默认启动关卡、启动画面和游戏图标

可以更改游戏和编辑器的默认启动关卡。例如，可能需要将 **Main Menu**（主菜单）地图作为游戏的默认值，需要另一个关卡作为编辑器的默认启动关卡。

很容易在虚幻编辑器中设置默认启动关卡、启动画和游戏图标。

（1）单击菜单栏中的 **Edit**（编辑）选项（见下图）。

（2）单击 **Project Settings**（项目设置）。

（3）选择 **Maps & Modes**（地图&模式）。

（4）更改游戏和编辑器的默认地图。

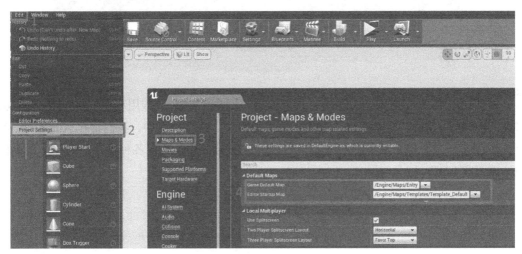

通过 **Project Settings**（项目设置）调整 **Splash**（启动）画面。

（1）切换到 Windows 部分（见下图）。

（2）在此处更改 **Splash**（启动）画面和游戏 **Icon**（图标）。

Splash（启动）画面的默认尺寸为 **600×200** 像素，并且需要.bmp 图像。游戏 **Icon（图标）**需要是 **256×256** 像素的.ICO 文件。

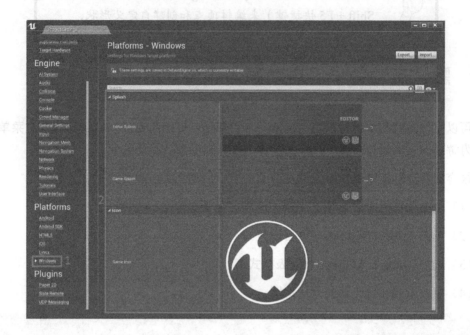

1.5 小结

既然你已经掌握了 Unreal Engine 的基础知识，就该从 DCC 应用程序（如 Autodesk 3ds Max、Autodesk Maya 或 Blender）中导入一些资源了。在下一章中，我们将在 Autodesk 3ds Max 中创建一个简单的网格，并将它导入 Unreal Engine 中，进行各种操作，例如，设置材质、碰撞和 LOD。

第 2 章
导 入 资 源

上一章已经介绍了虚幻引擎的基础知识。本章介绍如何从 Autodesk 3ds Max 中导入资源。

2.1 在 DCC 应用程序中创建资源

上一章介绍了如何使用 BSP 创建关卡原型。然而，我们需要用静态网格替换它们，以获得更好的性能和更灵活地控制材质、碰撞等。首先在**数字内容创作（Digital Content Creation，DCC）**应用程序（如 Autodesk 3ds Max、Autodesk Maya、Blender 等）中创建模型，然后通过内容浏览器将其导入虚幻引擎中。Unreal Engine 支持 FBX 和 OBJ 格式，建议使用 FBX 格式。

下图是本章中使用的示例资源。

在编写本书时，Unreal Engine 导入流水线使用的是 FBX 2014。使用其他版本可能会导致不兼容。

在建模时需要记住的一些事项如下。

- **单位（Units）：虚幻单位（Unreal Unit，UU）**在游戏资源建模中至关重要。不正确的单位将导致资源比预期的更大或更小。1UU=1cm。Unreal Engine 4 附带的示例角色高 196cm。因此，当为 Unreal Engine 4 资源建模时，最好使用 196cm 高的盒体作为参考。

 要了解如何更改 Autodesk 3ds Max 的单位，请参阅 Autodesk 网站。要了解如何更改 Blender 的单位，请参阅 katsbits 网站。

- **枢轴点（Pivot Point）：**表示对象的局部中心和局部坐标系。当将网格导入 Unreal Engine 时，该网格的枢轴点（就像在 DCC 应用程序中一样）确定了执行变换（如移动、旋转和缩放）的点。通常，最好将网格放在原点（0,0,0）并将枢轴点设置为网格的一个角，以便在 Unreal Engine 中正确对齐。
- **三角测量（Triangulation）：**请注意，Unreal Engine 导入器会自动将四边形转换为三角形，因此不会跳过三角形。
- **UV：**当对资源操作 UV 时，可以超越 0-1 空间，尤其是在处理大对象时。UV 通道 1（Unreal Engine 中的通道 0）用于纹理化，UV 通道 2（Unreal Engine 中的通道 1）用于光照贴图。

2.2 创建碰撞网格

创建碰撞网格并将它与资源一起导出。Unreal Engine 4 为静态网格物体提供了一个碰撞生成器，但有时我们需要创建自定义碰撞形状，特别是当网格物体有一个开口时（例如，带有窗户的门或墙壁）。本节介绍自定义碰撞形状和碰撞生成器。

碰撞形状始终应尽量简单，因为计算简单形状要快得多。

2.2.1 自定义碰撞形状

碰撞网格由 Unreal Engine 导入器根据其名称进行识别。可以定义 3 种类型的碰撞形状，具体如下。

- **UBX_MeshName**：UBX 代表 Unreal BoX（虚幻盒体），顾名思义，它应该是盒体形状。不能以任何方式移动顶点，否则它将无法工作。

- **USP_MeshName**：USP 代表 Unreal SPhere（虚幻球体），顾名思义，它应该是球体形状。这个球体的面数并不重要（6～10 个比较好），但不能移动任何顶点。

- **UCX_MeshName**：UCX 代表 Unreal ConveX（虚幻凸面体），顾名思义，它应该是凸面体形状，不应该是空心的或凹陷的。这是最常用的碰撞形状，因为可以在 Unreal Engine 内部生成盒体和球体等基本形状。

在下图中，可以看到线框对象，这就是为碰撞形状创建的。

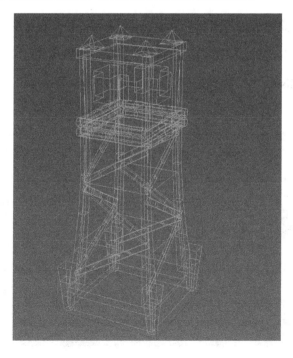

2.2.2 Unreal Engine 4 碰撞生成器

在静态网格编辑器中生成静态网格物体的碰撞形状。要打开该编辑器，应在 **Content Browser**（内容浏览器）中双击静态网格物体资源，单击 **Collision**（碰撞）菜单，该菜单列出了碰撞的所有选项（见下图）。

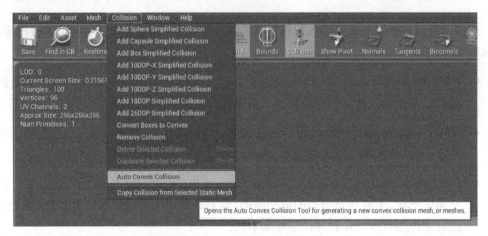

2.2.3 Simple Shapes 菜单

Simple Shapes（简单形状）菜单中的前 3 个选项是简单形状（见下图），具体如下。

- **Sphere Collision**（球体碰撞）：创建简单的球体碰撞形状。

- **Capsule Collision**（胶囊体碰撞）：创建简单的胶囊碰撞形状。

- **Box Collision**（盒体碰撞）：创建简单的盒体碰撞形状。

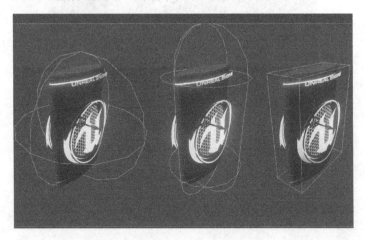

2.2.4 *K*-DOP 形状

K 离散定向多面体（*K Discrete Oriented Polytope*，*K*-DOP）形状基本上是包围盒的体积。数字（10、18 和 26）表示按照坐标轴排列的平面数量。

2.2.5 Auto Convex Collision 选项

Auto Convex Collision（自动凸包碰撞）选项用于为模型创建更精确的碰撞形状。单击此选项后，静态网格编辑器的右下角会出现一个新的停靠窗口。使用 **Max Hulls**（凸包数量，为了最匹配物体的形状要创建的凸包数量）和 **Max Hull Verts**（**最大外壳顶点数量**，确定碰撞凸包的复杂性），可以为 **Static Mesh**（**静态网格**）创建更复杂的碰撞形状。

如下图所示，应用自动凸包碰撞的结果相当准确。

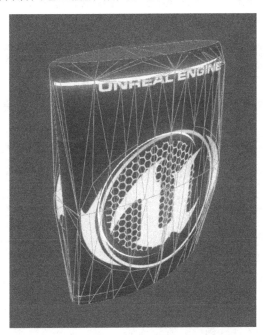

碰撞形状支持变换（移动、旋转和缩放）操作，可以复制它们以获得多个碰撞形状的副本。单击静态网格编辑器内的碰撞形状，使用 W 键、E 键和 R 键可以在移动、旋转和缩放之间切换。按 Alt 键并单击拖动（或按 Ctrl + W 快捷键）复制现有碰撞形状。

2.3　材质

Unreal Engine 可以导入从 3D 应用程序中导出的材质和纹理并应用于网格。Autodesk 3ds Max 仅支持基本材质，它们是 **Standard**（标准的）材质和 **Multi/Sub-Object**（多/子对象）材质。在这些基本材质中，仅支持特定的功能。这意味着 FBX 不会导出所有设置，但支持该材质类型中使用的某些贴图或纹理。

在以下示例中，可以看到分配了多个材质的模型。

为 **Multi/Sub-Object**（多/子对象）材质中的每个子材质指定唯一的名称是非常重要的。每个子材质都有一个唯一的名称，如下图所示。

2.4　LOD

细节级别（**Level of Detail**，**LOD**）是一种当远离相机时减少网格影响的方法。与前一个 LOD 相比，每个 LOD 将具有更少的三角形和顶点数量，并且具有更简单的材质。这意味着基础 LOD（**LOD 0**）将是玩家靠近时出现的高质量网格。随着玩家远离该物体，它会变为 **LOD 1**，相对于 **LOD 0** 减少了三角形和顶点数量。当玩家走得更远时，它切换到 **LOD 2**，具有比 **LOD 1** 少得多的三角形和顶点。

下图展示了 LOD 的作用。左边的网格是基础 LOD（LOD 0），中间是 LOD 1，右边是 LOD 2。

 有关 LOD 的更多信息，请参考 "Creating and Using LODs" 文章。

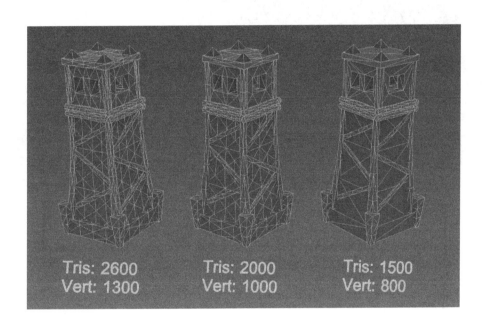

2.5　导出和导入

下面介绍如何导出网格，以及把网络导入至虚幻引擎中。

2.5.1　导出

导出网格是非常简单的过程。可以将多个网格导出为一个 FBX 文件，也可以单独导出每个网格。Unreal Engine 导入器可以将多个网格导入为单独的资源，或者通过在导入时启

用 **Combine Meshes**（**合并网格**）选项将它们合并为单个资源。

在下图中，可以看到已经选择了要导出的碰撞网格和模型。

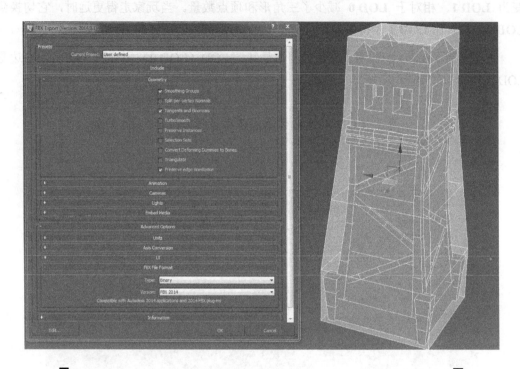

 在导出时应开启 Smoothing Groups（平滑组），否则 Unreal Engine 将在导入时显示警告。

2.5.2 导入

将网格物体导入虚幻引擎很简单。可以通过几种方式进行导入，下面详细解释这几种方式。

1．通过上下文菜单导入

在 **Content Browser**（**内容浏览器**）中右击，选择 **Import to**（**导入**）选项，选择文件夹的名称（见下图）。

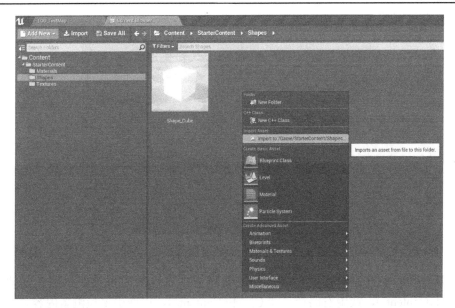

2．通过拖放导入

顾名思义，可以直接将 FBX 或 OBJ 模型从 Windows 资源管理器中拖动到 **Content Browser**（内容浏览器）中，这就完成了导入。

3．通过内容浏览器导入

Content Browser（内容浏览器）中有一个 **Import**（导入）按钮（见下图），它可用于导入网格。

4．自动导入

如果将 FBX 文件放在项目的 **Content**（内容）文件夹（包括所有的子文件夹）中，则 Unreal Engine 将自动检测并触发导入过程（编辑器应处于打开状态，否则会在下次运行时执行该过程）。

5．通过配置自动导入

可以选择启用还是禁用 Auto Reimport 这个选项。要配置该选项，请选择 **Edit**（编辑）→ **Editor Preferences**（编辑器偏好设置）→**Loading & Saving**（加载&保存）→**Auto Reimport**

（自动重导入），如下图所示。①

- **Monitor Content Directories**：启用或禁用资源的自动导入。

- **DIrectories to Monitor**：添加或删除路径，可以是虚拟程序包路径（如\Game\ MyContent\），或绝对路径（如 C:\ My Contents），以便引擎检测新内容。

- **Auto Create Asset**：如果启用该选项，则不会自动导入任何新的 FBX 文件。

- **Auto Delete Assets**：当启用该选项时，如果从资源管理器中删除 FBX 文件，那么 Unreal Engine 将提示是否也要删除资源文件。

6．结果

在导入资源时，将显示 **FBX Import Options**（导入选项）对话框。导入设置的所有信息 如下图所示。

---

① 在 Unreal Engine 4.21.1 中该界面有所不同，新增了其他一些选项。——译者注

　　单击 **Import**（导入）或 **Import All**（全部导入，如果要导入多个 FBX 文件）按钮，将在 **Content Browser**（内容浏览器）中看到该资源。下图展示了 Unreal Engine 如何从 Autodesk 3ds Max 中自动导入材质。

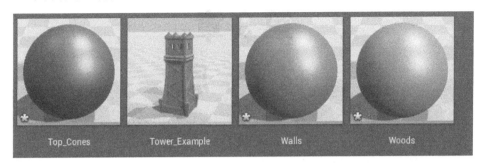

　　双击静态网格物体（**Tower_Example**），弹出静态网格物体编辑器。通过下图可以看到 Unreal Engine 成功导入了自定义碰撞形状。

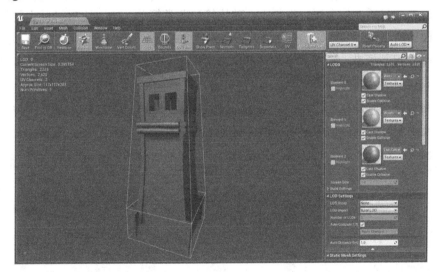

2.6　小结

　　本章介绍了如何导入资源。下一章将介绍有关材质和纹理的更多信息。

第3章
材　　质

　　材质是一种资源，该资源使用各种图表节点（包括图像（纹理）和数学表达式），定义网格外观。由于 Unreal Engine 4 使用**基于物理的渲染（Physically Based Rendering，PBR）**，因此创建逼真的材质（如金属、混凝土、砖块等）非常简单。Unreal Engine 中的材质定义了网格表面的所有内容（如颜色、光泽、凹凸和曲面细分），甚至可以通过操纵顶点来设置对象的动画。说到这里，你可能认为材质仅用于网格，但实际上不限于网格。可以使用材质实现贴花、后期处理和光照效果。

　　创建材质是非常简单的过程。在 **Content Browser**（内容浏览器）中右击，选择 **Material**（材质），命名材质，就完成了材质的创建（见下图）。

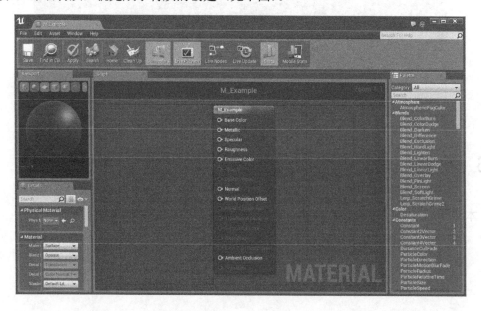

3.1 材质的用户界面

既然我们知道了材质是什么以及它能做什么，下面就看看材质的用户界面（见下图）。

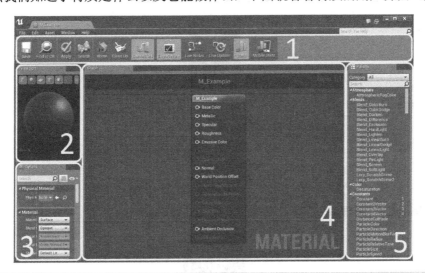

3.1.1 工具栏

Toolbar（工具栏）面板包含很多按钮，它们有助于预览图表节点、删除孤立节点、统计材质等。下面详细介绍这些按钮的功能。

- **Save**（保存）：修改材质后保存资源（见下图）。

- **Find in CB**（浏览）：在 **Content Browser**（内容浏览器）中查找并选择此材质（见下图）。

- **Apply**（应用）：将修改应用于材质（见下图）。请注意，这个操作不会保存材质。

- **Search**（搜索）：搜索材质表达式或注释（见下图）。

- **Home**（主页）：查找并选择主画布节点（见下图）。

- **Clear Up**（清理）：删除未连接的节点（见下图）。

- **Connectors**（连接器）：显示或隐藏未连接的引脚（见下图）。

- **Live Preview**（实时预览）：启用或禁用预览材质的实时更新功能（见下图）。

- **Live Nodes**（实时节点）：启用或禁用图表节点的实时更新功能（见下图）。

- **Live Update**（实时更新）：为图表中的每个节点重新编译着色器（见下图）。

- **Stats**（统计数据）：启用或禁用材质统计和编译错误功能（见下图）。

- **Mobile Stats**（平台数据）：与统计数据一样，但该按钮用于移动设备（见下图）。

新用户可能会对部分按钮感到困惑，下面进一步解释它们。

1. Live Preview 按钮

有时我们需要在将某个节点连接到主节点之前或调试时预览该节点产生的效果。

预览节点的操作过程是右击该节点，选择 **Start Previewing Node**（开始预览节点），如下图所示。

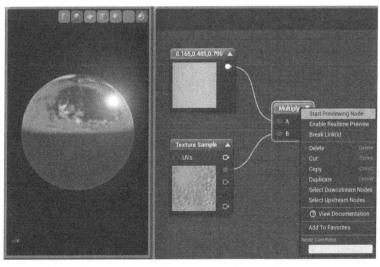

这时需要启用 **Live Preview**（实时预览）按钮，否则在预览材质时看不到任何改变。

按空格键可强制进行预览。

2．Live Nodes 按钮

Live Nodes 按钮用来显示应用表达式后节点的实时更新状态。示例如下图所示。

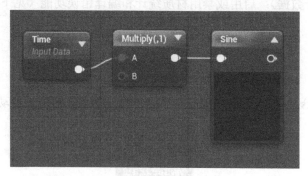

在上面的截图中，**Sine** 节点从 **Time** 节点获得一个恒定的更新，并且乘以 1。如果启用 **Live Nodes（实时节点）** 按钮，则将看到 **Sine** 节点在黑白之间切换。如果将 **Multiply** 值从 1 更改为其他值如 5，同时启用 **Live Update（实时更新）** 按钮，则可以马上看到变化。[①]

3．Live Update 按钮

启用 Live Update 按钮后，只要有修改（例如添加新节点、删除节点、更改属性等），就会编译所有表达式。如果材质图表比较复杂，那么建议禁用此按钮，因为每次更改都需要编译所有节点。

3.1.2　Preview 面板

Preview（预览）面板显示当前被编辑材质的效果。使用以下选项预览材质。

- **旋转网格**：使用鼠标左键拖动。

- **平移**：使用鼠标中键拖动。

- **缩放**：使用鼠标右键拖动。

- **更新光照**：按住 L 键并使用鼠标左键拖动。

在预览视口的右下角（见下图），可以更改某些设置，将预览网格更改为所选的基本形状。

――――――――
① 切换的频率是之前的 5 倍。――译者注

如下按钮将预览网格更改为自定义网格。这需要在 **Content Browser**（**内容浏览器**）中选择一个 **Static Mesh**（**静态网格**）。

如下按钮启用或禁用预览视口中的网格渲染。

如下按钮启用或禁用预览视口中的实时渲染。

3.1.3 Details 面板

在图表中选择某个节点时，**Details**（**细节**）面板显示该节点所有可以编辑的属性。如果没有选择任何节点，那么显示材质本身的属性。

有关这些设置的更多信息，请参考 Unreal Engine 4 Document 网站中的 Material Properties 文档。

3.1.4 Graph 面板

Graph 面板是创建所有节点的主要区域，这些节点决定了材质的外观和行为方式。默认情况下，一个材质图表包含一个具有一系列输入的主节点，并且无法删除这个主节点。在下图中，某些输入显示为灰色，可以通过更改 **Details**（**细节**）面板中的 **Blend**（**混合**）模式来启用它们。

3.1.5 Palette 面板

Palette（**控制板**）面板列出了所有图形节点和材质函数，使用拖放操作即可将它们放置在图表中。

> 使用 **Category**（**类别**）选项，在表达式或材质函数之间筛选 **Palette**（**控制板**）面板的内容。

3.2 常用材质表达式

在创建材质时，有一些常用的材质节点。创建节点的操作过程是，右击 **Graph** 面板的画布，在弹出菜单中进行搜索，或者使用 **Palette**（**控制板**）面板进行拖放。此外，某些节点还有快捷键。

下面列举这些常见的节点。

3.2.1 常量表达式

常量（Constant）表达式输出单个浮点值，几乎可以与任何输入相连。可以将常量表达式转换为参数，并对材质实例进行实时修改。还可以通过蓝图或 C++访问相关参数，查看游戏中的变化。

- **快捷键**：按住 1 键并单击 Graph 面板中的区域。
- **参数快捷键**：按住 S 键并单击 Graph 面板中的区域。
- **示例用法**：使纹理变亮或变暗。

> 常量参数也称为标量参数。

在下图中，可以看出常量表达式（0.2）使纹理变暗了。

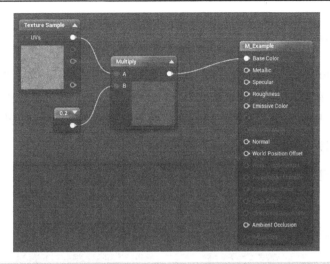

3.2.2 Constant2Vector 表达式

Constant2Vector 表达式输出两个浮点值，这是一个双通道（例如，红色通道和绿色通道）矢量值。可以将 Constant2Vector 表达式转换为参数，并对材质实例进行实时修改，或者在蓝图或 C++中访问该参数，以便在玩游戏时对材质进行动态更改。

- **快捷键**：按住 2 键并单击 Graph 面板中的区域。
- **参数快捷键**：按住 V 键并单击 Graph 面板中的区域。
- **示例用法**：分别调整纹理的 *UV* 坐标。

在下图中可以看到 Constant2Vector 表达式用于展开纹理。

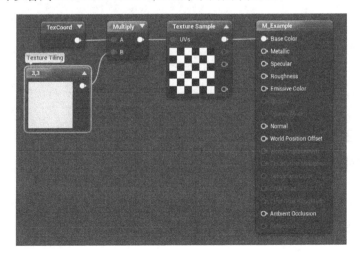

3.2.3　Constant3Vector 表达式

Constant3Vector 表达式输出 3 个浮点值，这是一个三通道（例如，红色通道、绿色通道和蓝色通道）矢量值。可以将 Constant3Vector 转换为参数，并对材质实例进行实时更改，或者在蓝图或 C++中对它进行访问，以便在玩游戏时对材质进行动态更改。

- **快捷键**：按住 3 键并单击 Graph 面板中的区域。
- **参数快捷键**：按住 V 键并单击 Graph 面板中的区域。
- **示例用法**：更改纹理的颜色。

在下图中可以看到 Constant3Vector 表达式用于给灰度纹理着色。

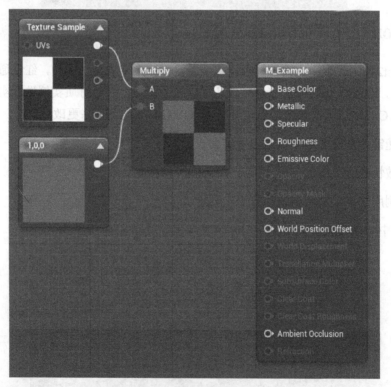

3.2.4　纹理坐标（TexCoord）表达式

Texture Coordinate（纹理坐标）表达式将纹理 *UV* 坐标（例如，*U* 和 *V*）输出为双通道矢量，这有助于展开纹理并允许用户使用不同的 *UV* 坐标。

- **快捷键**：按住 U 键并单击 Graph 面板中的区域。

下图显示了用于展开纹理的纹理坐标。通过左下角的 **Details**（**细节**）面板查看所使用的值。

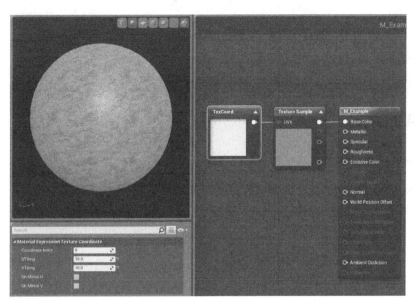

3.2.5 Multiply 表达式

Multiply 表达式将给定的输入相乘并输出结果。

Multiply 表达式对于每个通道执行乘法运算。例如，如果将两个矢量（0.2，0.3，0.4）和（0.5，0.6，0.7）相乘，那么实际过程如下。

```
0.2 × 0.5 = 0.1
0.3 × 0.6 = 0.18
0.4 × 0.7 = 0.28
```

所以输出如下。
```
(0.1, 0.18, 0.28)
```

除非其中一个输入是常量，否则 **Multiply** 节点要求输入为同一数据类型。简而言之，不能将 Constant2Vector 表达式和 Constant3Vector 表达式相乘，但可以将 Constant2Vector 表达式或 Constant3Vector 表达式乘以常量表达式。

快捷键：按住 M 键并单击 Graph 面板中的区域。

下图显示了 Multiply 节点用于增强发光效果。

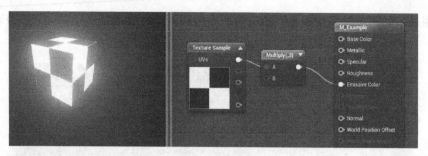

3.2.6　Add 表达式

Add 表达式将给定的输入相加并输出结果。

Add 表达式对于每个通道执行加法运算。例如，如果将两个矢量（1，0，0）和（0，1，0）相加，那么实际过程如下。

```
1 + 0 = 1
0 + 1 = 1
0 + 0 = 0
```

所以输出如下。

```
(1, 1, 0)
```

除非其中一个输入是常量，否则 **Add** 节点要求输入是同一数据类型。简而言之，不能将 Constant2Vector 表达式和 Constant3Vector 表达式相加，但可以将 Constant2Vector 表达式或 Constant3Vector 表达式与常量表达式相加。请看下图。

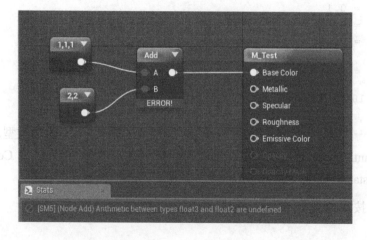

这里我们尝试将 Constant3Vector 表达式和 Constant2Vector 表达式相加，但是失败了。这是因为当材质编辑器尝试编译 **Add** 节点时失败了，因为 Constant3Vector 表达式的最后一个元素没有与之相加的内容。计算过程如下。

```
1 + 2 = 3
1 + 2 = 3
1 +? = fail
```

但是可以将 Constant3Vector 表达式与常量表达式相加，如下图所示。

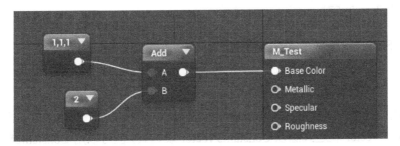

结果如下。

```
1 + 2 = 3
1 + 2 = 3
1 + 2 = 3
```

这个表达式正常编译。

快捷键： 按住 A 键并单击 Graph 面板中的区域（见下图）。

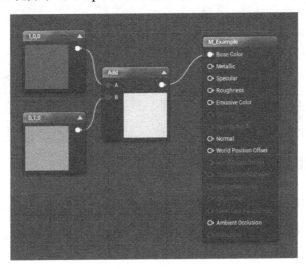

3.2.7   Divide 表达式

Divide 表达式将给定的输入相除并输出结果。

Divide 表达式对于每个通道执行除法运算。例如，如果矢量（0.2，0.3，0.4）除以矢量（0.5，0.6，0.7），那么实际计算过程如下。

```
0.2 / 0.5 = 0.4
0.3 / 0.6 = 0.5
0.4 / 0.7 = 0.571
```

因此输出如下。

```
(0.4, 0.5, 0.571)
```

除非其中一个输入是常量，否则 **Divide** 节点要求输入是同一数据类型。简而言之，不能用 Constant2Vector 表达式除以 Constant3Vector 表达式，但可以用 Constant2Vector 表达式或 Constant3Vector 表达式除以常量表达式。

- **快捷键**：按住 D 键并单击 Graph 面板中的区域（见下图）。

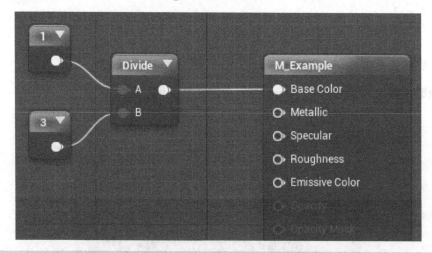

3.2.8   Subtract 表达式

Subtract 表达式将给定的输入相减并输出结果（见下图）。

Subtract 表达式对于每个通道执行减法运算。例如，如果矢量（0.2，0.3，0.4）减去矢量（0.5，0.6，0.7），那么实际计算过程如下。

```
0.2 - 0.5 = -0.3
0.3 - 0.6 = -0.3
0.4 - 0.7 = -0.3
```

因此输出如下。

```
(-0.3, -0.3, -0.3)
```

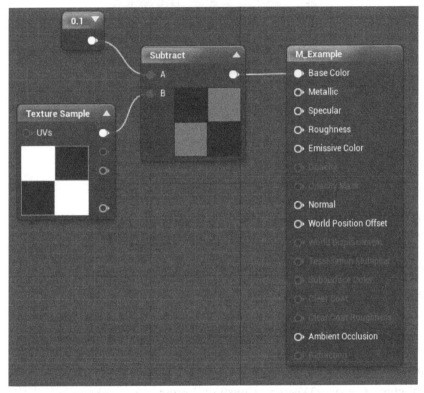

除非其中一个输入是常量，否则 **Subtract** 节点要求输入是同一数据类型。简而言之，不能用 Constant3Vector 表达式减去 Constant2Vector 表达式，但可以用常量表达式减去 Constant2Vector 表达式或 Constant3Vector 表达式。

- **快捷键**：没有快捷键。

3.2.9 Texture Sample（Texture2D）表达式

Texture Sample（纹理样本）表达式输出给定的纹理（见下图）。它还可以从纹理中分别输出 4 个通道（即红色、绿色、蓝色和 Alpha 通道），因此它可以用于很多场合。如果处理多个灰度纹理（如蒙版纹理、粗糙度纹理等），这个功能非常有用。除了导入多个纹理之外，还可以在 Photoshop 中创建一个纹理并将其他纹理分配给不同通道。在材质编辑器中，可以获取每个通道并执行任何有趣的操作。Texture2D 表达式也可以使用电影纹理。

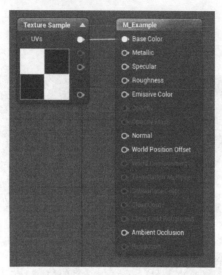

可以将 **Texture Sample** 表达式转换为 **TextureSampleParameter2D** 表达式，并通过材质实例实时修改纹理。通过蓝图或 C++可在游戏中动态更改纹理。

- **快捷键**：按住 T 键并单击 Graph 面板中的区域。
- **参数快捷键**：没有快捷键。

3.2.10　Component Mask 表达式

Component Mask 表达式从输入中提取不同的通道，输入应该是矢量通道，如 **Constant2Vector**、**Constant3Vector**、**Constant4Vector**、**TextureSample** 等表达式。例如，Constant4Vector 只有一个输出——RGBA。因此，如果要提取 RGBA 中的绿色通道，则可以使用 Component Mask 表达式。可以右击 Component Mask 表达式并将它转换为参数，然后在材质实例中实时更改。

- **快捷键**：没有快捷键。
- **参数快捷键**：也没有快捷键。

在下图中，提取了 Alpha 通道并将它与 **Opacity**（**不透明度**）相连，将 RGB 通道与 **Base Color**（**基础颜色**）相连。

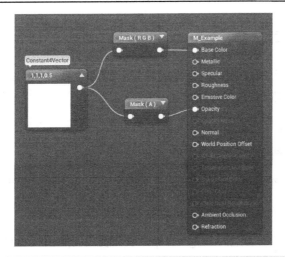

3.2.11 线性插值（Lerp）表达式

线性插值（Linear interpolate，Lerp）表达式基于 Alpha 值混合两个纹理或值（见下图）。当 Alpha 值为 0（黑色）时，输出 A。如果 Alpha 值为 1（白色），输出 B。大多数情况下，用于根据蒙版纹理混合两个纹理。

- **快捷键**：按住 L 键并单击 Graph 面板中的区域。

- **示例用法**：根据 Alpha 值混合两个纹理，其中 Alpha 值可以是常量或蒙版纹理。

在下图中，Lerp 节点输出 100%的输入 A，因为 Alpha 值为 0。如果将 Alpha 值设置为 1，那么输出 100%的 B。如果 Alpha 值为 0.5，则将看到 A 和 B 的混合。

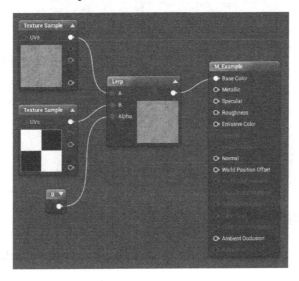

3.2.12　Power 表达式

Power 表达式对于 Base 输入执行次数为 Exp 的幂乘运算。例如，如果 **Base** 输入是 4，**Exp** 输入是 6，那么实际运算过程如下。

```
4 × 4 × 4 × 4 × 4 × 4 = 4096
```

因此 **Power** 表达式的结果为 4096。

如果 **Base** 输入设置为 **Texture**，**Exp** 输入是常量值（如 4），则计算 **Texture** 的 4 次幂。

- **快捷键**：按住 E 键并单击 Graph 面板中的区域。
- **示例用法**：调整高度图（height map）或环境闭塞贴图（ambient occlusion map）的对比度。

下图显示了 Power 节点用于提升 **Texture Sample**（纹理样本）的对比度。

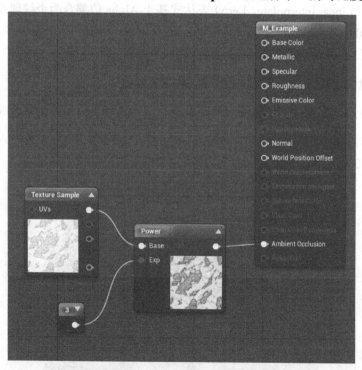

3.2.13　PixelDepth 表达式

PixelDepth 表达式输出到当前正在渲染像素的相机的距离。PixelDepth 可以用于根据与玩家的距离来改变材质的外观。

- **快捷键**：没有快捷键。

- **示例用法**：根据与玩家的距离更改对象的颜色。

如果将下图的材质应用于网格，那么将根据与玩家相机的距离更改网格的颜色。

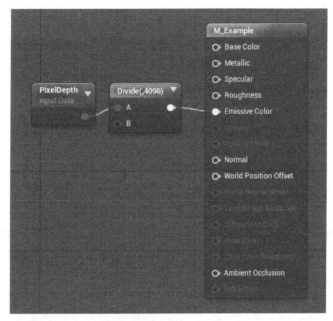

下图显示了当靠近玩家相机时网格的外观。

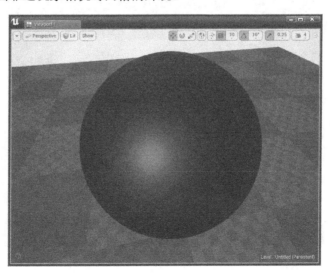

下图显示了当远离玩家相机时网格的外观。

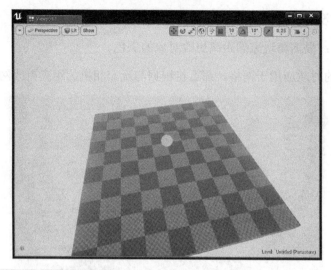

3.2.14   Desaturation 表达式

顾名思义，Desaturation 表达式用于降低输入的饱和度（见下图）。简而言之，根据一定的百分比将彩色图像转换为灰度图。

- **快捷键**：没有快捷键。

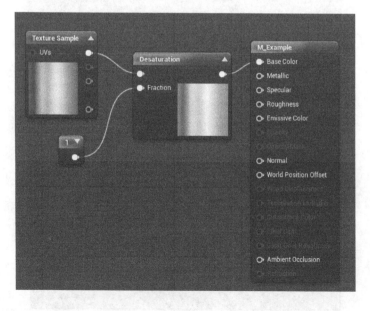

3.2.15 Time 表达式

Time 表达式输出游戏的时间段（以秒为单位）。如果希望材质随时间变化，那么使用该表达式。

- **快捷键**：没有快捷键。

- **示例用法**：创建脉冲材质。

在下图的材质中，首先将 **Time** 乘以常量表达式。**Multiply** 节点的结果与 **Sine** 节点的输入相连，输出连续振荡波形，输出值的范围为−1～1。然后使用 **ConstantBiasScale** 节点过滤掉低于 0 的值。**ConstantBiasScale** 节点给输入添加一个 bias（偏移量）并将它乘以一个 scale（比例值）。默认情况下，bias（偏移量）设置为 1，scale（比例值）设置为 0.5。因此，如果 Sine 值为−1，则结果为（−1＋1）×0.5，即 0。

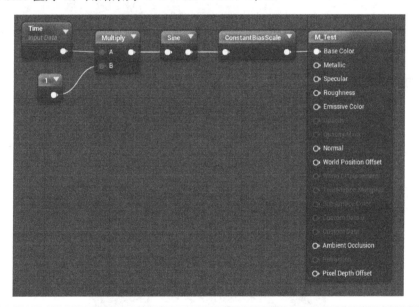

3.2.16 Fresnel 表达式

Fresnel 表达式创建边缘光照，也就是说，它可以突显网格的边缘（见下图）。

- **快捷键**：没有快捷键。

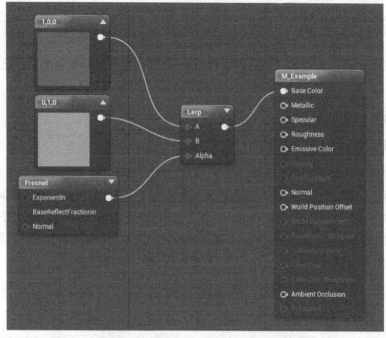

之前的网络的效果如下图所示。

3.3 材质类型

既然已经了解了一些基本表达式,下面就介绍不同的材质类型。很显然,首要的是主材质编辑器,但还有材质实例、材质函数和分层材质。

3.3.1 材质实例

材质实例用于在不重新编译的情况下更改材质的外观。当在材质编辑器中更改任何值并应用它时，需要重新编译整个着色器并创建一组着色器。当从该材质创建材质实例时，将使用同一组着色器，以便可以实时更改相关值而无须重新编译任何内容。但是当在 **Parent Material（父材质）** 中使用 **Static Switch Parameter** 或 **Component Mask Parameter** 时有所不同，因为每个参数都具有唯一的组合。例如，假设 **Material_1** 没有 **Static Switch Parameter**，**Material_2** 有 **Static Switch Parameter**，其名为 **bEnableSwitch**。这样 **Material_1** 只创建一组着色器，而 **Material_2** 将创建两组着色器，它们分别为 **bEnableSwitch = False** 和 **bEnableSwitch = True**。

示例工作流程是创建包含所有必要参数的主材质，并让设计人员制作不同的版本。

有两种类型的材质实例，分别是常量材质实例（Material Instance Constant）和动态材质实例（Material Instance Dynamic）。

只有常量材质实例有用户界面。动态材质实例没有用户界面，无法在内容浏览器中创建。

1. 常量材质实例

顾名思义，**常量材质实例（Material Instance Constant，MIC）** 只能在编辑器中编辑。也就是说，无法在运行时更改值。MIC 显示在父材质中创建的所有参数。可以创建自己的组并很好地组织这些参数。

材质实例的用户界面如下图所示。

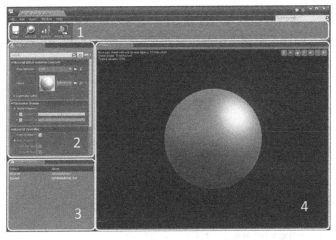

- **Toolbar**（**工具栏**）：以下是工具栏选项。

  ➢ **Save**（**保存**）：保存资源。

  ➢ **Find in CB**（**浏览**）：在内容浏览器中查找资源并选择它。

  ➢ **Params**（**参数**）：来自父材质的所有参数。

  ➢ **Mobile Stats**（**平台数据**）：启用或禁用移动设备的材质统计。

- **Details**（**细节**）：显示来自父材质的所有参数和材质实例的其他属性。在这里，还可以指定物理材质并对父材质的基本属性进行重写，例如，blend mode（混合模式）、two-sided（双面）等。

- **Instance Parents**（**实例父材质**）：这里可以看到该材质实例一系列的父材质，直到源头的主材质。当前正在编辑的实例以粗体显示。[①]

- **Viewport**（**视口**）：视口显示网格的材质，以便实时查看更改。可以在右上角更改预览形状，这与材质编辑器中相同。[②]

2．常量材质实例的示例

为了使材质实例发挥作用，需要给主材质设置参数。我们创建一个简单的材质，根据与玩家的距离来改变颜色。也就是说，当玩家靠近时为红色，当玩家远离时改变颜色。注意，在 Unreal Engine 4 中有 21 个参数表达式。

现在使用如下两个常用参数——标量参数（Scalar Parameter）和矢量参数（Vector Parameter）。

如下图所示，这里创建了两个矢量参数（**Color1**，**Color2**）和两个标量参数（**TransitionDistance**，**Speed**）。使用这些参数进行实时修改。要创建此材质的实例，可以在 **Content Browser**（**内容浏览器**）中右击此材质，选择 **Create Material Instance**（**创建材质实例**）。在该材质的旁边就创建了一个新的材质实例。

---

① 在 Unreal Engine 4.21.1 中，该模块不是单独的子窗口，而在工具栏中添加了 Hierarchy（层次）按钮，单击该按钮显示一系列父材质。——译者注

② 在 Unreal Engine 4.21.1 中"预览形状"按钮位于右下角。——译者注

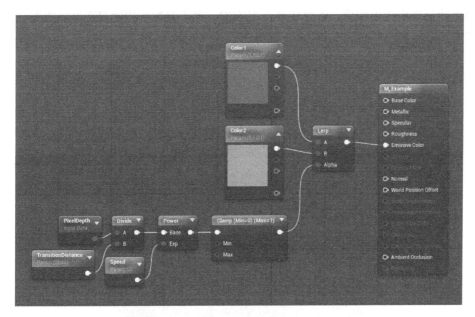

打开该实例，可以看到所有参数（见下图），能实时编辑它们，而无须等待材质重新编译。

要更改材质实例中的值，首先需要重写它们。单击参数旁边的复选框以重写它的值，如下图所示。

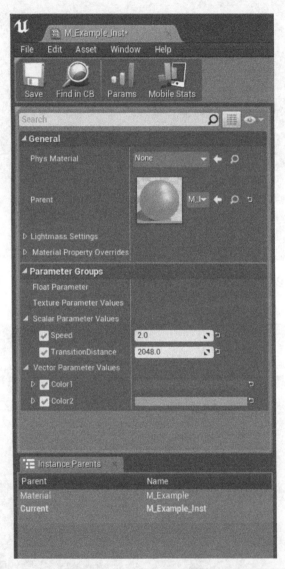

3.3.2   材质函数

材质函数是包含一组节点的图，这些节点可以应用到任意数量的材质中。如果发现自己需要经常创建复杂的网络，那么最好创建一个材质函数，让这些复杂的网络包含在一个节点中。要记住，材质函数不能包含任何参数节点（例如，Scalar Parameter（标量参数）、

Vector Parameter（矢量参数）、Texture Parameter（纹理参数）等。要将数据传递到材质函数，需要使用特殊的 **FunctionInput** 节点。同样，如果要从材质函数中获取数据，需要使用 **FunctionOutput** 节点。默认情况下，材质函数创建一个输出，但也可以根据需要创建多个输出。

材质函数的用户界面几乎与材质编辑器相同。选中 **Details**（细节）面板，其中有一些选项有助于你了解材质函数。我们看看这些选项。

- **Description**：当鼠标指针悬停在材质图表中的这个函数节点上时所显示的提示。

- **Expose to Library**：启用此选项后，当在材质图表面板中右击时，显示该材质函数。

- **Library Categories**：此列表包含该材质函数所属的类别。默认情况下，它属于 **Misc** 类别，可以更改它并添加任意数量的类别。

 材质函数不能应用于表面，因此如果要使用材质函数，则必须在材质中使用它。

材质函数的示例

要创建材质函数，首先在 **Content Browser**（内容浏览器）中右击，然后找到 **Materials & Textures**（材质和纹理），选择 **Material Function**（材质函数）。在这个例子中，创建一个名为 **Normal Map Adjuster** 的材质函数，以提高法线贴图的强度。下面展示创建这个函数需要什么。

- **Texture [INPUT]**：显然，需要传递一个需要修改的纹理。

- **Intensity [INPUT]**：还需要传递法线的强度。值为 0 表示没有修改法线贴图，值为 1 表示增强法线贴图的强度。

- **Result [OUTPUT]**：输出结果，它可以连接到材质中的 Normal（法线）通道。

 最终输出节点（结果）可以重命名为任意自定义的名字。选择该节点，在 **Details**（细节）面板中修改 **Output Name**。

打开材质函数，右击 Graph 面板并搜索 **Input**（见下图）。

选择 **FunctionInput** 节点，在 **Details**（细节）面板中可以看到刚刚选择的 **Input** 节点的一些属性（见下图）。

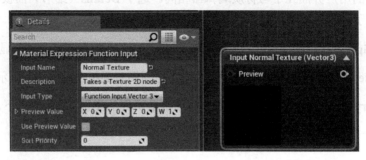

下面展示这些设置。

- **Input Name**：输入的自定义名称。可以随意命名，这里命名为 **Normal Texture**。

- **Description**：当鼠标指针悬停在材质图表中的这个输入上时所显示的提示。

- **Input Type**：定义该节点的输入类型。

- **Preview Value**：当在材质图表中没有连接该输入时使用的值。该选项仅在选中 **Use Preview Value as Default** 时可用。

- **Use Preview Value as Default**：如果选中，它将使用 **Preview Value** 并将此输入标记为可选。因此，当使用此函数时，可以保持该输入不连接。但是，如果禁用此选项，则必须在材质图表中将所需节点连接到该输入。

- **Sort Priority**：将该输入与其他输入节点进行排序。

创建一个简单的网络来提升法线贴图的效果，如下图所示。

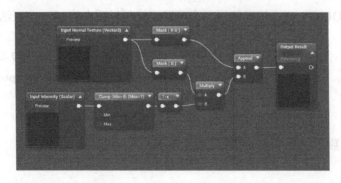

这里分别提取红色、绿色和蓝色通道。背后的原因很简单，我们需要将 **Intensity**（标量输入值）乘以蓝色通道以增强法线贴图效果。因为 **Intensity** 的取值范围为 0～1，所以使用 1−*x*（OneMinus）节点进行反转。因为当在材质中使用此材质函数时，值 0 表示采用默认的正常强度，值 1 表示提升效果。如果没有 OneMinus 节点，则表示相反的效果，即值 0 表示提升法线贴图的效果，值 1 表示采用正常效果。

该函数完成后，单击工具栏上的 **Save**（保存）按钮。

在保存时将自动编译材质。

为了将材质函数转换为材质，首先需要在材质图表的内部右击并搜索 **NormalMap Adjuster**。然后，将 **Normal Map**（法线贴图）和 **Scalar Parameter**（标量参数）与 **NormalMapAdjuster** 输入相连，将输出连接到 **Normal**（法线）通道（见下图）。

如果 NormalMapAdjuster 没有出现在上下文菜单中，请确保在材质函数中启用了 **Expose to Library**（显示到库）。

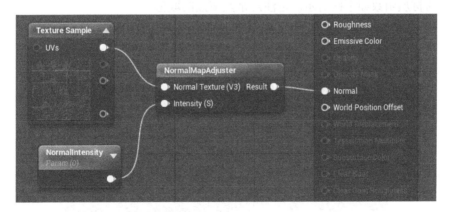

在材质实例中，可以实时调整 **NormalIntensity**。

3.3.3　分层材质

分层材质基本上是材质中的材质，是材质函数的扩展。创建分层材质的基本工作流程如下。首先，创建一个 **MakeMaterialAttribute**（它具有所有材质属性，如 **Base Color**（基础颜色）、**Metallic**（金属）、**Specular**（亮光）、**Roughness**（粗糙度）等）并将节点与它连接。然后，将 **MakeMaterialAttributes** 的输出连接到 **Output Result** 节点的输入。

当资源具有不同层级的材质时，分层材质是最有用的。例如，考虑具有不同元素的角色，如金属盔甲、皮手套、皮肤等。定义这些材质中的每一个并以常见方式将它们混合起来，将使材质的复杂性显著增加。如果在这种情况下使用分层材质，则可以将每个材质定义为单个节点，并很轻松地将它们混合在一起。

使用 MakeMaterialAttributes 创建分层材质

在这个示例中，创建两个简单的分层材质，并在最终材质中将它们混合在一起。首先，创建一个材质函数并打开它。在材质函数中，按照如下步骤操作。

（1）右击图表编辑器并搜索 **MakeMaterialAttributes**，从菜单中选择这个节点。

（2）创建一个 **Constant3Vector** 节点，将它与 **MakeMaterialAttributes** 中的 **BaseColor**（基础颜色）相连。

（3）创建一个常量，将它与 **MakeMaterialAttributes** 中的 **Metallic**（金属）相连。

（4）再创建一个常量，将它与 **MakeMaterialAttributes** 中的 **Roughness**（粗糙度）相连。

（5）将 **MakeMaterialAttributes** 的输出连接到材质函数的输出节点。

最终的材质函数如下图所示。请注意常量节点的取值。

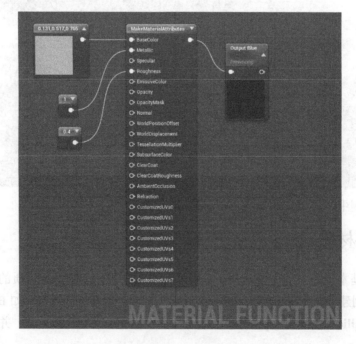

由于要让它是 **Metallic**（**金属**），因此将 **Metallic**（**金属**）值设置为 1。

然后，创建相同材质函数的副本，使它成为非金属材质，并且颜色也不同。查看下图。

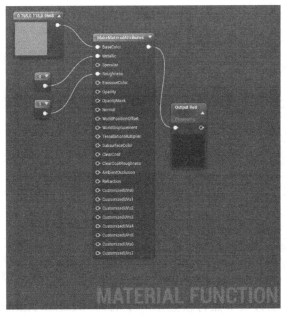

这是一种非金属材质，使用默认的 **Material Layer Blend** 函数在材质编辑器中将两种材质混合在一起。

确保这两个材质函数已经包含在材质函数库中，以便可以在材质编辑器中使用它们。

打开一个已有的材质或在 **Content Browser**（**内容浏览器**）中创建新材质并打开它。

（1）右击 Graph 面板并搜索刚刚创建的材质函数（选择这两个材质函数）。

（2）再次右击 Graph 面板，搜索并选择 **MatLayerBlend_Simple**。

（3）将刚刚创建的材质函数连接到 **MatLayerBlend_Simple**。其中一个函数连接到 **Base Material**，另一个函数连接到 **Top Material**。

（4）为了混合这两种材质，需要一个 **Alpha**（标量）值。值 1（白色）表示输出 **Base Material**，值 0 表示输出 **Top Material**。值 0.5 表示输出 **Base Material** 和 **Top Material** 的混合效果。

由于使用的是分层材质，因此无法像其他节点那样将它直接连接到材质编辑器。为了实现这一目标，可以通过两种方式进行连接。

方法1如下所述。

使用 Material（材质）属性而不是常规节点来制作材质。

要使用这个功能，单击 Graph 面板的任意位置，在 **Details**（细节）面板中勾选 **Use Material Attributes** 复选框（见下图）。

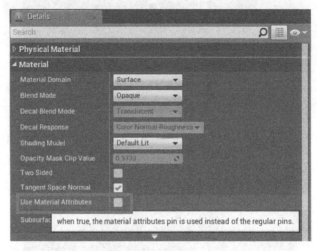

启用此选项后，主材质节点将仅显示一个名为 Material Attributes 的节点，并且将 **MatLayerBlend_Simple** 的输出连接到该节点。

下图是使用方法1的最终材质。

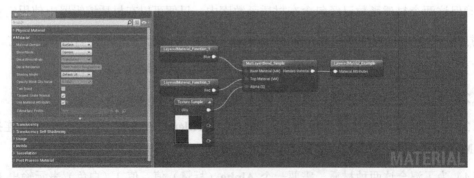

方法2如下所述。

在这个方法中，不使用主节点的 Material（材质）属性，而使用 **BreakMaterialAttributes**，将它们作为常规节点来连接。

（1）右击 Graph 面板中的区域，搜索并选择 **BreakMaterialAttributes**。

（2）将 **MatLayerBlend_Simple** 的输出连接到 **BreakMaterialAttributes**。

（3）将 **BreakMaterialAttributes** 的所有输出节点连接到材质编辑器的主节点。

下图是使用此方法的最终材质。

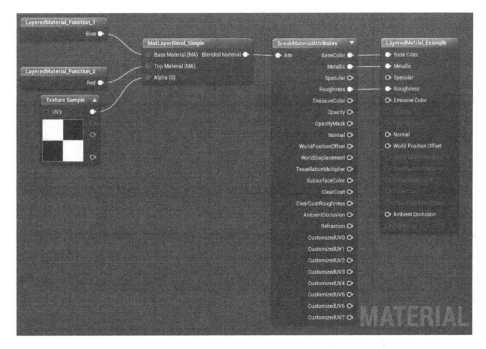

3.4 小结

本章介绍了材质用户界面和材质表达式。下一章将介绍如何使用后期处理技术增强场景的外观，如何创建简单的材质并用在后期处理材质中。

第 4 章
后 期 处 理

Unreal Engine 4 中的后期处理可以创建各种艺术效果并改变游戏的整体外观和感觉。后期处理效果使用后期处理体积（Post Process Volume）激活，并可以单独使用以影响单个特定区域或整个场景。也可以将多个后期处理体积重叠并根据优先级呈现其效果。后期处理体积可用于添加或修改简单效果，如 Bloom（模糊）、Lens Flares（镜头眩光）、Eye Adaptation（人眼适应）、Depth of Field（景深）等，还可以使用材质获得高级效果。后期处理体积的另一个重要功能是**查找表（Look Up Table，LUT）**，LUT 用于存储来自图像编辑软件（如 Adobe Photoshop 或 GIMP）的颜色转换。它们非常容易设置并且能产生非常好的效果。本章后面将介绍 LUT。

当第一次启动没有初学者内容的项目时，场景中没有后期处理体积，因此 Unreal Engine 使用默认设置。可以在 **Project Settings**（项目设置）下更改每个项目的设置。具体步骤如下。

（1）如下图所示，单击菜单栏中的 **Edit**（编辑）。

（2）单击 **Project Settings**（项目设置）。

（3）切换到 **Rendering** 部分。

（4）展开 **Default Postprocessing Settings**。[①]

在这里，当场景中没有后期处理体积时，将看到虚幻引擎的默认设置。可以修改这些设置或添加后期处理体积来重写它们。

---

① 在 Unreal Engine 4.21.1 中，该部分名为 Default Settings。——译者注

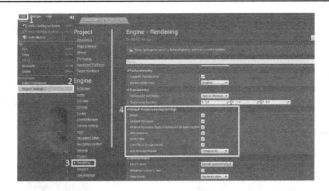

4.1　添加后期处理

要使用后期处理，在场景中需要一个后期处理体积。具体步骤如下。

（1）如下图所示，选择 **Modes**（**模式**）选项卡（如果它处于关闭状态，请按 Shift + 1 快捷键）。

（2）选择 **Volumes**（**体积**）选项卡。

（3）将 Post Process Volume（后期处理体积）拖放到场景中。

现在场景中有一个 Post Process Volume。但是，它仅显示玩家在该体积范围内时的效果。要使它影响整个场景，请按以下步骤操作。

（1）选择 **Post Process Volume**。

（2）在 **Details**（细节）面板中，向下滚动并展开 **Post Process Volume** 部分。①

（3）勾选 **Unbound** 复选框（见下图）。②

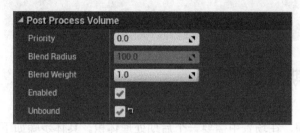

勾选 Unbound 将忽略这个体积的边界，并影响整个场景。现在，快速浏览一下后期处理的设置。

- **Priority**：如果多个体积相互重叠，则优先级较高的体积会覆盖较低的体积。

- **Blend Radius**：这是用于混合的体积的半径。通常，最好设置为 100。如果勾选了 **Unbound** 复选框，则忽略此设置。

- **Blend Weight**：定义属性的影响。0 表示无效，1 表示完全生效。

- **Enabled**：启用或禁用某个体积。

- **Unbound**：如果启用，则后期处理效果将忽略某个体积的边界，并影响整个场景。

4.1.1 LUT

LUT（Look Up Table，查找表）是中性色调纹理，解压后为 256×16 像素的纹理。LUT 用于创建独特的艺术效果，使用 Adobe Photoshop 等图像编辑软件进行修改。如果不熟悉 Photoshop，则可以使用免费的开源软件，如 GIMP。下图是默认 LUT 纹理的图像。

LUT 的使用过程如下。

（1）给游戏世界截图并导入 Photoshop 中。

（2）在该截图的顶部，插入 LUT 纹理。

（3）在两者的上面，应用颜色处理（如调整图层）。

（4）选择 LUT 纹理，将颜色处理另存为 PNG 或 TGA 格式。

（5）将该 LUT 导入 Unreal Engine 中。

 将 LUT 导入 **Content Browser**（内容浏览器）后，打开它并将 **Texture Group** 设置为 **ColorLookupTable**。这是重要的一步，不能跳过。

要应用 LUT，选择 Post Process Volume（后期处理体积），展开 **Scene Color** 部分，勾选 **Color Grading** 复选框并设置 LUT 纹理（见下图）。[①]

使用 **Color Grading Intensity** 选项，可以更改效果的强度。

4.1.2 后期处理材质

后期处理材质是在材质编辑器的帮助下创建自定义的后期处理。你需要创建具有所需效果的材质，并将它指定给 Post Process Volume（后期处理体积）中的 **Blendables**。单击加号以添加更多插槽（见下图）。

在解释后期处理材质之前，快速浏览一下材质编辑器中最重要的后期处理节点（见下图）。

- **Scene Texture**：这个节点有多个选项，可输出不同的纹理。

---

① 在 Unreal Engine 4.21.1 中，Details 面板中单独有一个名为 Color Grading 的子模块，展开该模块下的 Misc 子模块，启用 Color Grading LUT 并进行设置。——译者注

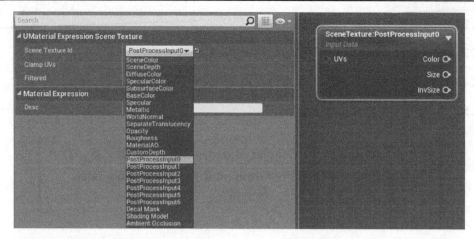

- **UVs**（可选）：该输入用于展开纹理。对于 **SceneTexture** 节点上的 UV 操作，最好使用 **ScreenPosition** 节点而不是常规的 **Texture Coordinate** 节点。

- **Color**：将最终纹理输出为 RGBA。如果要将它与颜色相乘，则首先需要使用 Component mask 提取 R、G 和 B，然后将它乘以颜色。

- **Size**：输出纹理的大小（宽度和高度）。

- **InvSize**：**Size** 输出的倒数（1/宽度和 1/高度）。

要记住，只在真正需要时才使用后期处理材质。对于 **Color Correction** 和其他效果，应该尽量使用 Post Process Volume（后期处理体积）中的设置，因为它们更有效且更优化。

4.1.3 创建后期处理材质

使用后期处理材质，创建自定义后期处理效果。一些示例如下。

- 突出显示游戏中的特定对象。

- 渲染遮挡的对象。

- 用于边缘检测等。

下面这个简单的示例将说明如何突出显示游戏世界中的对象。为了单独渲染某个对象，需要将它们放到自定义深度缓冲区（custom depth buffer）中。值得高兴的是，它就像单击复选框一样简单。

选择一个静态网格物体，在 **Rendering** 部分展开这些选项，勾选 **Render Custom Depth**复选框（见下图）。[①]

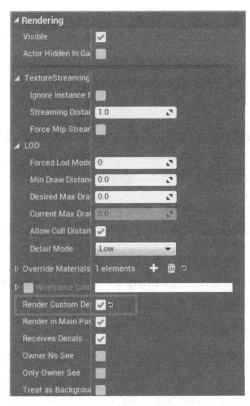

现在，网格物体已经在 CustomDepth 缓冲区中渲染了。下面在材质编辑器中使用此信息来屏蔽并单独渲染它。为此，需要执行以下操作。

（1）创建一个新材质并打开它。

（2）将 **Material Domain** 设置为 **Post Process**。这将禁用除 **Emissive Color**（自发光颜色）之外的所有输入。

（3）右击 Graph（图表）面板，搜索 **SceneTexture** 并选中它。将 **Scene Texture Id** 设置为 **CustomDepth**。

（4）**CustomDepth** 输出一个原始值，用这个原始值除以我们想要的距离。

---

① 在 Unreal Engine 4.21.1 中，该选项名为 Render CustomDepth Pass。——译者注

（5）添加一个新的 **Divide** 节点，将 **CustomDepth** 连接到输入 *A*。选择 Divide 节点，对于 Const *B*，设置一个较大的值（如 100 000 000）。记住，1 虚幻单位（Unreal Unit）=1cm，因此如果给出 100 或 1000 这样较小的值，则需要非常接近物体才能看到效果。这就是使用较大取值的原因。

（6）添加 **Clamp** 节点，将 **Divide** 连接到 **Clamp** 节点的第一个输入。

（7）创建 **Lerp** 节点，将 **Clamp** 的输出连接到 **Lerp** 的 Alpha 输入。**Lerp** 节点将根据 Alpha 的值混合输入 *A* 和 *B*。如果 Alpha 值为 1，则使用输入 *A*；如果 Alpha 值为 0，则使用输入 *B*。

（8）创建另一个 **SceneTexture** 节点，将它的 Scene Texture Id 设置为 **PostProcessInput0**。**PostProcessInput0** 输出最终的 HDR 颜色，因此要确保使用该颜色。还有另一个叫作 **SceneColor** 的输出，它执行同样的操作——输出当前场景的颜色，但效果较差。

（9）再次右击 Graph（图表）面板，搜索 **Desaturation** 节点。将 **PostProcessInput0** 的 Color 输出连接到 **Desaturation** 的输入。除了使用 CustomDepth 的网格外，将使用它来降低整个场景的饱和度。

（10）将 **Desaturation** 的输出连接到 Lerp *B*，将 **PostProcessInput0** 连接到 Lerp *A*，将 **Lerp** 连接到 **Emissive Color**（自发光颜色）。

下图是整个图表的最终截图。

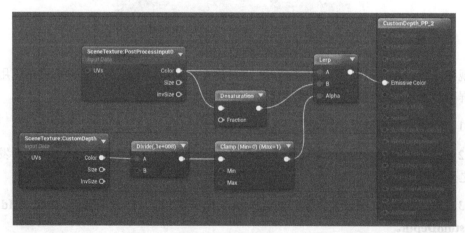

在这个示例场景中，已将此材质应用于 Post Process Blendables（后期处理可混合物），效果如下图所示。

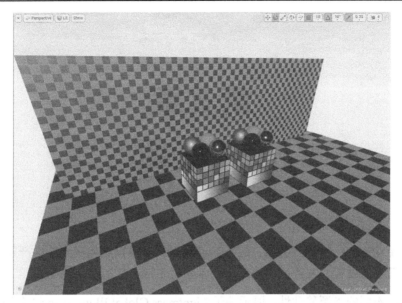

对于图中带颜色的部分，都已勾选了 Render Custom Depth 复选框，因此后期处理材质会屏蔽它，以降低整个场景的饱和度。

4.2 小结

本章介绍了如何进行后期处理。下一章将介绍如何添加光照并讨论光源移动性（Light Mobility）、全局光照（Lightmass）和动态光照（Dynamic Light）。

第 5 章
光　　照

光照是游戏中的一个重要因素，它很容易被忽视。错误地使用光照会严重影响性能。然而，通过适当的设置，结合后期处理，可以创建非常漂亮和逼真的场景。

本章介绍不同的光源移动性，展示关于 Lightmass Global Illumination（全局光照）的更多信息，它是由 Epic 创建的静态全局光照解决方案。本章还将讲述如何准备和光照一起使用的资源。

5.1　光照基础

本节介绍如何放置光源，如何调整一些重要的参数。

5.1.1　放置光源

在 Unreal Engine 4 中，光源可以通过两种不同的方式放置。这可通过 Modes（模式）选项卡或右击关卡来实现。

- 通过 **Modes**（模式）选项卡：在 **Modes**（模式）选项卡中，切换到 Place（放置）子选项卡（快捷键是 Shift + 1），找到 **Lights**（光照）部分（见下图）。从这里可以拖放不同的光源。

- **通过右击**：在视口中右击，在 **Place Actor**（**放置 Actor**）中，选择光源（见下图）。

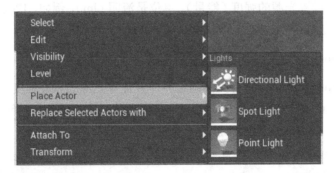

将光源添加到关卡后，可以使用变换工具（**W** 代表移动，**E** 代表旋转）更改所选光源的位置并进行旋转。

 由于 **Directional Light**（定向光源）从无限远的光源投射光线，因此改变它们的位置是无效的。

5.1.2 不同的光源类型

Unreal Engine 4 包括 4 种不同类型的光源 Actor，它们分别如下。

- **Directional Light**（**定向光源**）：模拟来自无限远的光源的光。由于定向光源投射的所有阴影都是平行的，因此它是模拟太阳光的理想选择。

- **Spot Light**（**聚光源**）：从锥形中的单个点发出光。有两个锥体（内锥体和外锥体）。在内锥体内，光线达到最大亮度。在内锥体和外锥体之间发生衰减，使光照变得柔和。这意味着在内锥体之外，当光线到达外锥体时，光线会逐渐减弱。

- **Point Light**（点光源）：将光从单个点发射到所有方向，就像现实世界中的灯泡。

- **Sky Light**（天空光源）：不会发光，而会捕捉场景的远处（例如，放置在 **Sky Distance Threshold** 之外的 Actor），以它们作为光源。也就是说，可以从大气层、遥远的山脉等处获得光照。注意，只有在重建光照或单击 **Recapture Scene**（重新捕获场景）（在 **Details**（细节）面板中选择 Sky Light）时，**Sky Light**（天空光源）才会更新。

5.1.3   常用的光源设置

既然我们知道了如何将光源放置到场景中，就看看光源的一些常见设置。选择场景中的光源，**Details**（细节）面板显示如下设置。

- **Intensity**：设置光源的强度（能量）。单位是流明（lm），例如，1700 lm 相当于 100W 灯泡的强度。

- **Light Color**：设置光源的颜色。

- **Attenuation Radius**：设置光源的边界，并计算光源的衰减程度。该设置仅适用于 **Point Lights**（点光源）和 **Spot Lights**（聚光源）。在下图中，衰减半径从左到右分别是 100cm、200cm 和 500cm。

- **Source Radius**：定义曲面上镜面反射高光的大小。通过设置 **Min Roughness** 可以抑制这个效果。也可以使用 Lightmass 影响灯光的构建。较大的 **Source Radius** 会投射出更柔和的阴影。由于这是由 Lightmass 处理的，因此 Source Radius 仅适用于移动性设置为 **Static**（静态）的光源。在下图中，Source Radius 为 0cm。注意阴影的锐边。

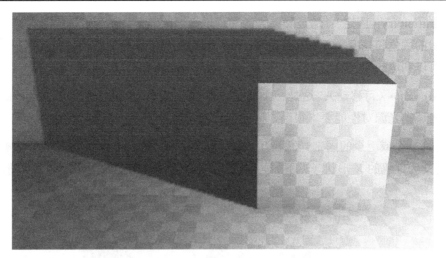

在下图中，Source Radius 为 5cm。注意阴影的柔和边缘。

- **Source Length**：与 **Source Radius** 相同。

5.1.4 光源移动性

光源移动性（Light Mobility）是将光源放置在关卡时的重要设置，因为它会改变光源的工作方式并影响性能。有如下 3 种设置可供选择。

- **Static**（**静态**）：完全静态的光源对性能没有影响。此类光源不会在动态对象（如角色、可移动对象等）上投射阴影或进行反射。用法示例为在玩家永远不会到达的地方使用该设置，如遥远的城市景观、天花板等。可以拥有数百万个静态移动性的光源。

- **Stationary**（固定）：这是静态光源和动态光源的混合。在游戏运行时它可以改变光源的颜色和亮度，但不能移动和旋转。固定光源可以与动态物体相互作用，在玩家可以到达的地方使用。

- **Movable**（可移动）：这是一个完全动态的光源，所有属性都可以在运行时更改。可移动光源对性能要求很高，因此请谨慎使用。

只允许 4 个或更少的固定光源相互重叠。如果有 4 个以上的固定光源相互重叠，则光源图标将变为红色的 X 形状（见下图），这表示光源为了使用动态阴影消耗了大量的性能。

在下图中，可以很容易地查看重叠的光源。

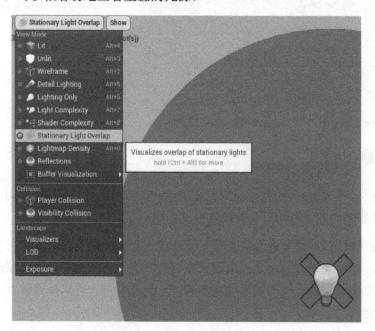

在 **View Mode**（视图模式）下，更改为 **Stationary Light Overlap**（固定光源重叠）查看导致问题的光源。[1]

5.2 全局光照

全局光照（Lightmass）是由 Epic 创建的高质量静态全局光照的解决方案。**全局光照（Global Illumination，GI）**是指模拟间接光照的过程（例如，光的反射和表面的颜色扩散）。在 Unreal Engine 中，光照反射默认使用 Lightmass（全局光照），并且基于材质的基础颜色，该基础颜色控制从对象表面反射的光照量。虽然高饱和度的颜色会反射较多的光，低饱和度的颜色会反射较少的光，但是这一切都取决于场景。在一个简单的房间场景中，这是显而易见的，而如果是户外的白天场景，就可能不那么明显了。

我们快速浏览一下如下场景。

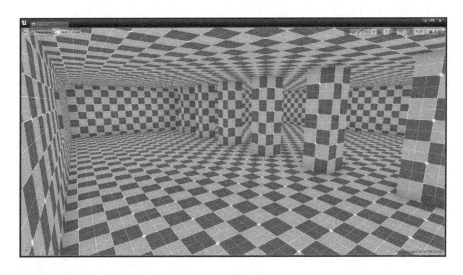

下图是一个不带光照（Unlit）的简单场景。

---

① 在 Unreal Engine 4.21.1 中，Stationary Light Overlap 位于 View Mode（视图模式）菜单中 Optimization Viewmodes（优化视图模式）选项里。——译者注

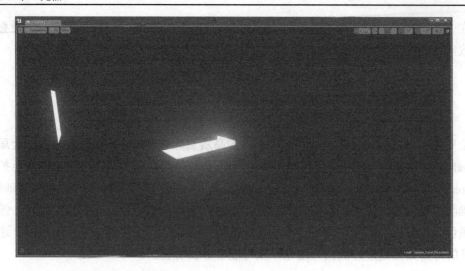

现在添加一个 **Directional Light**（**定向光源**），这是没有 GI（全局光照）时的样子（见下图）。也就是说，只有直接光照，没有间接光照（也就是没有光照反射）。

之前的截图是 Static GI（静态全局光照），并且展示了整个场景如何通过 GI（全局光照）来实现。注意支柱是如何投射阴影的。这些称为**间接阴影**（**Indirect Shadow**），因为它们来自**间接光源**（**Indirect Light**）。

间接光源的强度和颜色取决于光源与光照反射材质的基础颜色。为了说明这个效果，看以下两个截图。

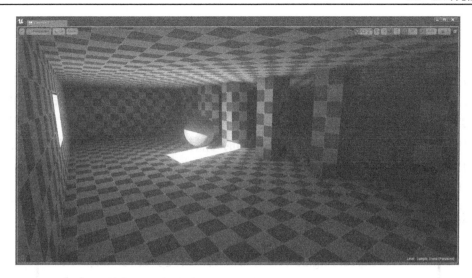

　　这里将纯红色材质（红色通道取值为 1.0）应用于球体，可以看到反射光照拾取红色球体的基础颜色来改变环境。这称为颜色扩散（Color Bleeding），它在使用高饱和度的颜色处是最明显的。

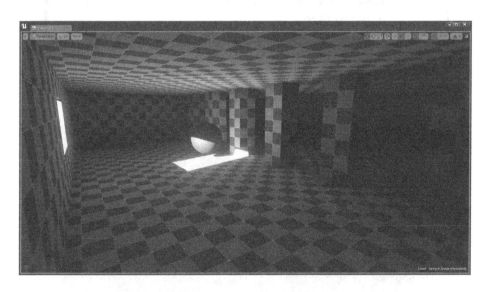

　　在这个截图中，将红色通道的取值改为 0.1，重新构建光照。因为现在红色更暗，所以会反射更少的光。这是因为较暗的颜色吸收光而不是反射光。

　　既然我们知道了全局光照是什么，下面就介绍如何准备资源以使用全局光照，并讨论有关全局光照设置的更多知识。

5.2.1 为预计算光照准备资源

为了使资源具有干净的光照和阴影细节，必须使用唯一展开的 UV 来表示自己的空间，以接收黑暗和明亮的信息。创建光照贴图 UV（Lightmap UV）的一个经验法则是 UV 面不应与 UV 空间内的其他面重叠。这是因为如果重叠，那么在构建光照之后，对应于该空间的光照贴图将应用于两个面，这会导致不准确的光照和阴影误差。重叠面对于普通纹理 UV 很有用，因为每个面的纹理分辨率会更高，但同样的规则不适用于光照贴图 UV。在 3D 程序中，将光照贴图 UV 展开为新通道，并把新通道应用于 Unreal Engine 4 中。

这里可以看到在网格中使用第二个通道实现光照贴图。

Unreal Engine 从 0 开始计数，而大多数 3D 程序从 1 开始计数。也就是说，3D 程序中的 UV 通道 1 是虚幻引擎中的 UV 通道 0，UV 通道 2 表示虚幻引擎中的 UV 通道 1。在下图中，可以看到 **Light Map Coordinate Index** 为 1，这表示正在使用网格中的第二个 UV 通道。

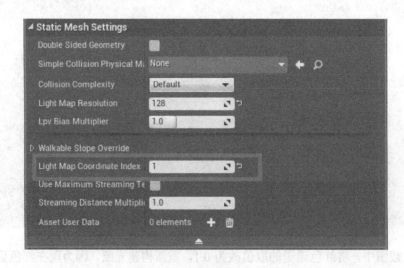

即使可以在 Unreal Engine 4 中生成光照贴图 UV，也强烈建议在 3D 程序（如 Autodesk Maya、Autodesk 3dsmax、Modo 等）中创建这些 UV，以便获得干净的光照贴图。在创建光照贴图 UV 之前，必须在 3D 应用程序的 UV 编辑器中对网格进行设置。例如，如果资源

需要光照贴图的分辨率为 128 像素/英寸，那么网格设置应为（1/126）英寸①，即 0.007 936 50
英寸。128 像素/英寸是光照贴图纹理的分辨率。较高的值（如 256 像素/英寸、512 像素/
英寸、1 024 像素/英寸等）将产生高质量的光照贴图，但也会占用更多内存。一旦确定了
资源所需的光照贴图分辨率，就从该分辨率中减去 2 像素/英寸（也可以减去 4 像素/英寸。
原因是为了使全局光照正确计算而不产生任何扩散误差，建议在 UV 之间每英寸上至少有
2 像素的间隙。因此，如果资源使用的光照贴图分辨率是 128 像素/英寸，则它将是 128 像
素/英寸− 2 像素/英寸= 126 像素/英寸。使用 1 像素除以这个值的原因是，默认情况下全局
光照使用 1 像素宽的边框进行过滤。

　　将网格物体导入 Unreal Engine 4 中，为静态网格物体设置 Light Map Resolution（光照
贴图分辨率）。当另一个对象将阴影投射到此对象上时，该值控制阴影的外观。

　　光照贴图是由 Unreal Engine 生成并叠加在场景上的纹理。因为这是一个纹理，所以它
应该是 2 的幂（如 16、32、64、128、256、512、1024 等）。

　　下图中地板的光照贴图分辨率为 32 像素/英寸。注意，地板上的阴影不准确。

　　下图中地板的光照贴图分辨率为 256 像素/英寸。注意，地板上的阴影更逼真。

① 1 英寸=0.0254 米。——编辑注

尽管提高光照贴图分辨率可以提供准确的阴影，但是为关卡中每个网格提高光照贴图分辨率并不是一个好主意，因为这会大幅度增加构建时间，甚至可能导致整个编辑器崩溃。对于较小的物体，保持低分辨率始终是一个好主意。

在 Unreal Engine 4 中，可以在导入网格时通过勾选 **Generate Lightmap UVs** 复选框（见下图）生成光照贴图 UV。

如果错过了此选项，仍可以在导入后生成光照贴图 UV。为此，执行以下操作。

（1）双击 **Content Browser**（内容浏览器）中的 **Static Mesh**（静态网格）。

（2）在 **LOD** 选项卡下，勾选 **Generate Lightmap UVs**（生成光照贴图 UV）复选框。

（3）在下图中，设置 **Source Lightmap Index**（源光照贴图索引）。大多数情况下，该值将是 0，因为这是普通纹理 UV，而 Unreal Engine 会从纹理 UV 中生成光照贴图 UV。

（4）设置 **Destination Lightmap Index**（目标光照贴图索引）。这是 Unreal Engine 保存新建的光照贴图 UV 的地方。将该值设置为 1。

（5）单击 **Apply Changes**（应用修改）按钮生成光照贴图 UV。

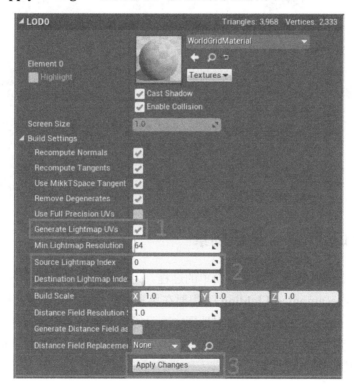

 如果 **Destination Lightmap Index**（目标光照贴图索引）中已有光照贴图 UV，则在生成新光照贴图时将替换它。

单击工具栏中的 **UV** 按钮并选择 **UV Channel**（UV 通道）可预览 UV（见下图）。

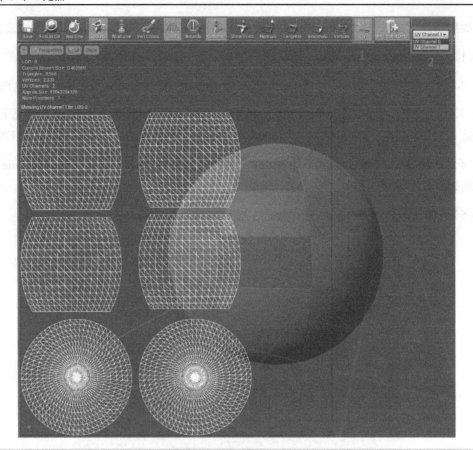

5.2.2　使用 Lightmass 构建场景

使用 Lightmass 构建场景是非常简单的过程。为了获得高质量的静态全局光照（也称为预计算光照（**Precomputed Lighting**），需要在场景中创建**全局光照重要体积**（**Lightmass Importance Volume**）。这是因为在许多地图中有足够大的区域，但可玩区域实际上很小。因此，不用计算整个场景的光照，由于这将大大增加构建光照的工作量，而通过使用**全局光照重要体积**限制光照构建区域。

一旦场景中有**全局光照重要体积**并开始构建光照，Lightmass 就仅计算体积内的光照。该体积以外的所有物体只能以低质量获得一次反射光。

要将可玩区域包含在**全局光照重要体积**中，可以从 **Modes**（模式）选项卡中拖放它。与其他对象一样，可以使用变换工具（W 代表移动，E 代表旋转，R 代表缩放）调整场景中的**全局光照重要体积**。完成操作后，单击 **Build**（构建）按钮右侧的下拉菜单构建光照（见下图）。

或者直接单击 **Build**（构建）按钮即可构建光照。Lightmass 有 4 种不同的质量等级可供选择，它们分别是 **Preview**（预览）、**Medium**（中级）、**High**（高级）和 **Production**（制作），如下图所示。

下面介绍 Preview 和 Production 质量等级的使用场景。

- **Preview**：在开发时使用并且可以更快地构建光照。

- **Production**：当项目接近完成或准备发布时，应该使用这个设置，因为它使场景更加真实并纠正各种光照扩散错误。

 光照质量只是预设。许多设置需要不断调整才能在游戏中获得想要的效果。

5.2.3 调整 Lightmass 的设置

Lightmass 在 **World Settings**（世界设置）中提供了许多选项，可以调整这些选项以获得最佳视觉质量。通过选择 **Settings**（设置）→**World Settings**（世界设置）查看这些选项（见下图）。

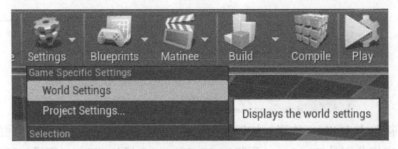

在 **World Settings**（世界设置）中展开 **Lightmass Settings**，将看到各种可以调整的设置（见下图）。

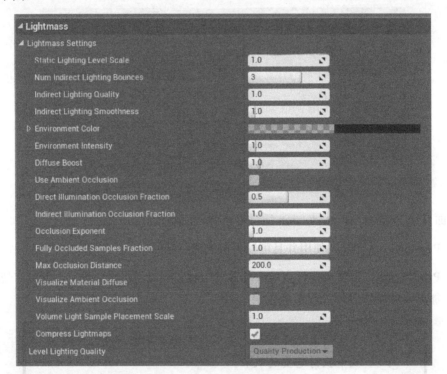

修改这些设置可帮助你在使用 Lightmass 时获得最佳视觉效果。这些设置如下。

- **Static Lighting Level Scale**：用于决定在光照计算中要详细到何种程度。较小的值将生成更多细节，但会大大增加构建时间。较大的值可用于巨型关卡以缩短构建时间。

- **Num Indirect Lighting Bounces**：允许光照在表面反射的次数。0 代表直接光照，也就是没有全局光照。1 代表间接光照的一次反射，依次类推。虽然一次反射对视觉质量的贡献最大，连续反射并不会太占时间，但也不会增加很多光线，因为光源在每次反射时都会衰减。在下图中，Num Indirect Lighting Bounces 设置为 1。

- **Indirect Lighting Quality**：较高的数值能得到较少的缺陷（噪点、污渍），但也会增加构建的时间。将此设置与 **Indirect Lighting Smoothness** 一起使用有助于获得间接阴影和环境光遮挡的细节。

- **Indirect Lighting Smoothness**：较高的数值能取得平滑的间接光照效果，但也会导致间接阴影的细节丢失。

在下图中，Indirect Lighting Quality 和 Indirect Lighting Smoothness 都设置为 1.0。

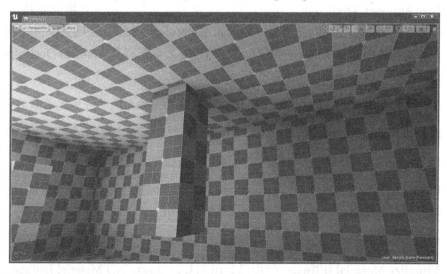

在下图中，Indirect Lighting Quality 设置为 4.0，Indirect Lighting Smoothness 设置为

0.5。注意柱子投射阴影的差异。

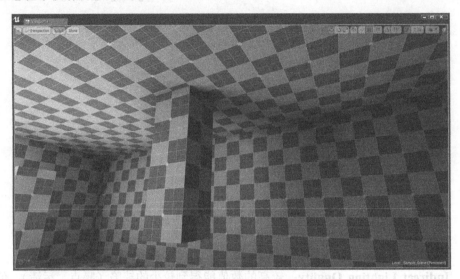

- **Environment Color**：可将其可视化地作为包围关卡的大球体，并在各个方向发出这个颜色的光。也就是说，这相当于 HDR 环境。

- **Environment Intensity**：针对 **Environment Color** 的参数。

- **Diffuse Boost**：这是增加场景中间接光照亮度的有效方式。由于间接光照会在表面反射，因此该值会增强颜色的影响。

- **Use Ambient Occlusion**：它会启用静态环境光遮蔽。由于环境光遮蔽（Ambient Occlusion）需要密集的光照样本，因此在 **Preview**（预览）构建中环境光遮蔽得不太好。在使用 Production（制作）预设构建时，最好调整 Ambient Occlusion（环境光遮蔽）的设置。

- **Direct Illumination Occlusion Fraction**：应用到直接光照的环境光遮蔽的量。

- **Indirect Illumination Occlusion Fraction**：应用到间接光照的环境光遮蔽的量。

- **Occlusion Exponent**：指数越高，环境光遮蔽的对比越明显。

- **Fully Occluded Samples Fraction**：该值确定了一个对象应在其他对象上生成的环境光遮蔽的比例。

- **Max Occlusion Distance**：使一个物体遮挡另一个物体的最大距离。

- **Visualize Material Diffuse**：使用已导出到 Lightmass 中的 Material Diffuse（材质漫反射）条件来覆盖正常的直接和间接光照。在下图中，启用了 Visualize Material

Diffuse。

- **Visualize Ambient Occlusion**：使用环境光遮蔽覆盖正常的直接和间接光照。当调整 **Ambient Occlusion**（**环境光遮蔽**）的设置时，该选项非常有用。在下图中，启用了 Visualize Ambient Occlusion。

- **Volume Light Sample Placement Scale**：在 Volume Light Samples（体积光照样本）放置的地方设置距离。

所有关于 Lightmass 的设置都需要重建光照。因此，如果更改了这些设置，那么应确保重建光照以使更改生效。

Volume Light Samples（**体积光照样本**）在构建光照后由 Lightmass 放置在关卡中，应用于动态对象，如角色，因为 Lightmass 仅为静态对象生成光照贴图。该选项也称为 **Indirect Lighting Cache**（**间接光照缓存**）。

在下图中，可以看到如何使用 **Indirect Lighting Cache**（间接光照缓存）照亮可移动对象（红色球体）。

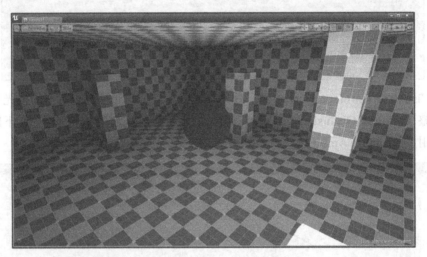

在下图中，不使用 Indirect Lighting Cache。

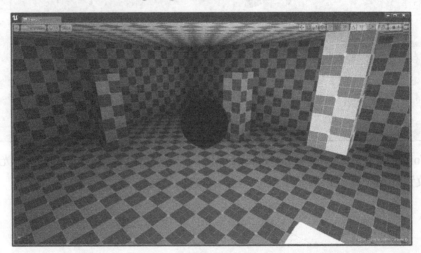

Volume Light Samples（体积光照样本）仅放置在 **Lightmass Importance Volume** 内和静态表面上。

Indirect Lighting Cache（间接光照缓存）还有助于预览具有未构建光照的对象。构建光照之后，如果移动了静态对象，则会自动使用 **Indirect Lighting Cache**（间接光照缓存）直到再次构建光照。

要显示 Volume Light Samples（体积光照样本），需要单击 **Show**（显示）→**Visualize**（可视化）→**Volume Lighting Samples**（体积光源样本）。在下图中，在关卡中预览 Volume Lighting Samples（体积光源样本）。

在 **Post Process Volume** 中可以调整 **Global Illumination Intensity** 和 **Color** 的设置。在 **Post Process Volume** 中，展开 **Post Process Settings**→**Global Illumination**，可以看到 **Indirect Lighting Color** 和 **Indirect Lighting Intensity** 的设置（见下图）。

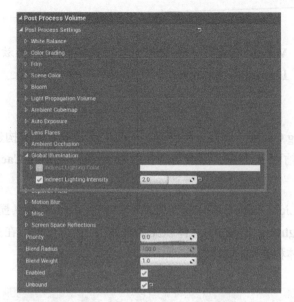

要切换特定的光照组件进行调试，可以使用 **Show**（显示）→**Lighting Components**（光源组件）部分下的不同光源组件（见下图）。例如，如果要在没有任何直接光照的情况下预览场景，可以关闭 **Direct Lighting**（直接光照），仅在 **Indirect Lighting**（间接光照）下预览场景。记住，这些只是编辑器的功能，不会影响游戏。这些仅用于调试目的。

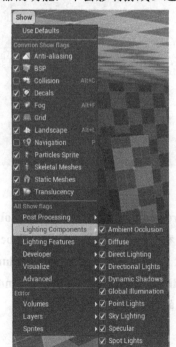

5.3 小结

本章介绍了光照、使用 Lightmass Global Illumination（全局光照）提升场景真实感的方法、使用 Lightmass 构建资源的方法，还讨论了各种光源和常用设置。下一章将深入探讨 Unreal Engine 4 中优秀并且独特的功能——蓝图。

第 6 章
蓝　　图

本章介绍蓝图是什么以及如何用它构建游戏原型。我们将学习以下内容。

- 蓝图（Blueprint）编辑器；

- 各种蓝图图表的类型（如函数图表、事件图表等）；

- 蓝图节点；

- 创建一个可以放置在游戏世界中或者在游戏运行时动态生成的简单蓝图。

Unreal Engine 4 的蓝图可视化脚本（Blueprint Visual Scripting）是一个基于节点的非常强大和灵活的界面，用于创建游戏元素，为艺术家和设计师提供游戏开发能力，并在编辑器中快速迭代游戏，而无须编写代码。使用蓝图，可以创建和调整游戏中的玩法、角色、输入、环境以及其他任何内容。

蓝图的运行依靠包含彼此连接的节点的图，该图定义了蓝图的功能。例如，它可以是游戏事件、产生的新 Actor，或任何内容。

6.1　不同的蓝图类型

我们快速浏览一下 Unreal Engine 4 中提供的各种蓝图类型。

- **关卡蓝图（Level Blueprint）**：关卡蓝图是一种特殊的蓝图，作为全局事件图表，用户既不能删除也不能创建它。每个关卡都有自己的关卡蓝图，用户使用该蓝图创建与整个关卡相关的事件。用户可以使用此图表调用关卡中关于某个 Actor 的事件或播放 Matinee 序列。熟悉 Unreal Engine 3（或 UDK）的读者应该熟悉这个概念，因为它类似于 Kismet 在那些引擎中的工作方式。

- 类蓝图（**Class Blueprint**）：通常直接称为蓝图，是在 **Content Browser**（内容浏览器）中创建的资源。创建资源后，可以直观地定义其行为，而不用输入任何代码。由于这类蓝图在 **Content Browser** 中被另存为资源，因此可以将它作为实例拖放到游戏世界中，或者在另一个蓝图中动态生成。

- 动画蓝图（**Animation Blueprint**）：通过混合动画、直接控制骨骼以及在每帧中输出最终姿势来控制骨架网格动画的专用图表。动画蓝图有两种图表，即 **EventGraph**（事件图表）和 **AnimGraph**（动画图表）。

- 事件图表（**EventGraph**）：使用一组与动画相关的事件来触发一系列节点，这些节点更新在动画图表中驱动动画的值。

- 动画图表（**AnimGraph**）：用于评估 **Skeletal Mesh**（骨架网格）的最终姿势。在这个图表中，可以使用 **SkeletalControls** 执行动画混合或控制骨骼变换。

- 宏库（**Macro Library**）：容纳各种宏或图表的容器，可以在任意其他蓝图类中多次使用。宏库不能包含变量，不能从其他蓝图继承，也不能放在关卡中。它们只是常用图表的集合，使用它可以节省时间。如果在蓝图中引用了宏，那么直到重新编译蓝图时，对该宏的更改才会应用于对应的蓝图。编译蓝图意味着将所有属性和图表转换为 Unreal Engine 可以使用的类。

- 蓝图接口（**Blueprint Interface**）：包含一个或多个未实现函数的图表。添加该接口的其他类必须以特定方式包含这些函数。这与编程中的接口概念相同，可以使用公共接口访问各种对象并共享或发送数据。接口图表有一些限制，因为它们不能创建变量、编辑图表和添加组件。

6.2 熟悉蓝图的用户界面

默认情况下，蓝图的**用户界面**（**User Interface**，**UI**）包含各种选项卡。下图展示了蓝图 UI 的统一布局。

UI 的组成如下：

- **Components**（组件）选项卡；

- **My Blueprint**（我的蓝图）选项卡；

- 工具栏（**Toolbar**）；

- 图表编辑器（**Graph editor**）；
- **Details**（细节）面板。

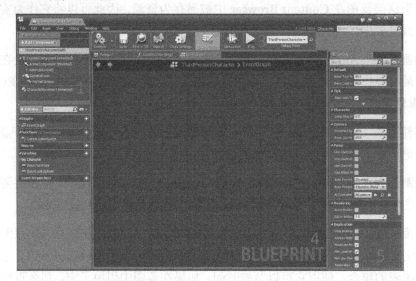

6.2.1　Components 选项卡

大多数蓝图类都有不同类型的组件。这些可以是光照组件、网格组件、UI 组件等。本节介绍组件是什么以及如何在蓝图类中使用它们。

1.组件

组件是构成整个 Actor 的所有元素。组件本身不能单独存在，但是当将它添加到 Actor 中时，Actor 可以访问组件提供的所有功能。例如，对于一辆汽车，车轮、车身、车灯等可视为组件，车身视为 Actor。在图表中，可以访问组件，并为汽车 Actor 执行逻辑功能。组件始终是实例化的，每个 Actor 实例都有自己唯一的组件实例。如果不是这样，那么在游戏世界中放置多个汽车 Actor 后，移动一辆车，所有其他车也将移动。

2.添加组件

为了向 Actor 添加组件，单击 **Components**（组件）选项卡上的+**Add Component**（+添加组件）按钮（见下图）。单击按钮后，将显示可以添加的组件列表。

添加组件后，系统提示为其命名。也可以通过从 **Content Browser**（内容浏览器）中将组件拖放到 **Components**（组件）窗口中实现组件的添加。

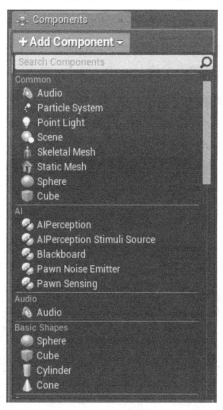

要重命名组件，在 **Components**（组件）选项卡中选择组件，然后按 F2 键。

 拖放方式仅适用于 **StaticMeshes**、**SkeletalMeshes**、**SoundCues** 和 **ParticleSystems**。

选中组件，按 Delete 键可将它删除。也可以右击该组件，选择 **Delete**（删除）将它删除。

3. 变换组件

添加和选择组件后，使用 **Details**（细节）面板或 **Viewport**（视口）选项卡中的变换工具（W、E 和 R）可以更改组件的位置，以及执行旋转和缩放操作。当移动、旋转或缩放组件时，如果已在 **Viewport**（视口）工具栏中启用了网格捕捉，则可以按 Shift 键启用捕捉。

 如果在某组件中附加了子组件，那么在移动、旋转或缩放该组件也会对所有子组件执行同样的操作。

4．为组件添加事件

基于组件添加事件非常简单，可以用以下不同的方式完成。以这些方式创建的事件特定于某个组件，无须测试关联哪个组件。

- **从 Details 面板添加事件**：选择组件后，**Details**（细节）面板中会以按钮的形式显示该组件可用的所有事件（见下图）。当单击其中任意一个事件时，编辑器将在事件图表中创建该组件的事件节点。

- **通过右击添加事件**：当右击组件时，在上下文菜单中会显示 **Add Event**（添加事件）选项（见下图）。从这里选择所需的任何事件，编辑器将在事件图表中创建该组件的事件节点。

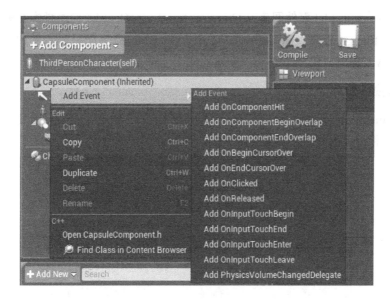

- **在图表中添加事件**：在下图中，在 **My Blueprint（我的蓝图）**选项卡中选择组件，右击图表，获取该组件的所有**事件（Events）**。

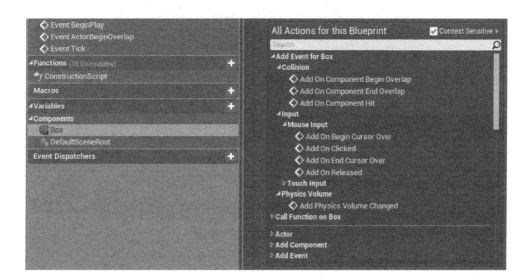

6.2.2 My Blueprint 选项卡

My Blueprint（我的蓝图）选项卡显示蓝图中包含的 **Graphs（图表）**、**Functions（函数）**、宏（**Macros**）、变量（**Variables**）等。这个选项卡中的内容取决于蓝图的类型。例如，

类蓝图包含 **EventGraph**（事件图表）、**ConstructionScriptGraph**（构建脚本图表）、**Variables**（变量）、**Functions**（函数）、**Macros**（宏）等。**Functions** 界面只显示其中的函数列表，**Macro Library**（宏库）仅显示在其中创建的宏。

1. 创建按钮

在 **My Blueprint**（我的蓝图）选项卡中单击快捷按钮（+）可以创建新变量、函数、宏、事件图表和事件调度器（见下图）。

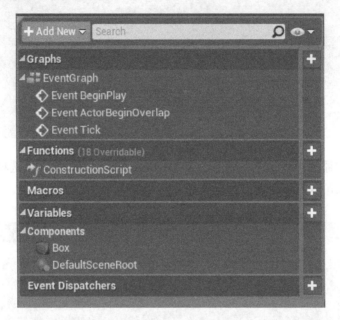

也可以通过单击 **+Add New**（+添加新项）下拉按钮来添加变量、函数、宏、事件图表和事件调度器。

2. 在 My Blueprint 中搜索

My Blueprint（我的蓝图）选项卡提供了搜索框，以搜索变量、函数、宏、事件图表和事件调度器。可以根据名称、注释或其他数据进行搜索。

3. 在 My Blueprint 中分类

将变量、函数、宏、事件调度器等进行分类是一种很好的做法。在 **My Blueprint**（我的蓝图）选项卡中，可以包含具有子类别的多个类别，如下图所示。

在这里，可以看到如何将所有内容分成不同的类别和子类别。要为变量、函数、宏和事件调度器设置类别，只须选择它们，并在 **Details**（**细节**）面板中键入新类别的名称或选择现有类别。如果需要子类别，则使用竖线（|）分隔子类别的名称。例如，如果要将 **Health** 作为 **Attributes** 的子类别，则将它设置为 **Attributes | Health**。

6.2.3　工具栏

通过工具栏可以访问编辑蓝图时所需的常用命令。工具栏按钮根据当前所处的不同模式（编辑模式、在编辑器模式下运行等）和正在编辑的蓝图类型会有所不同。

6.2.4　图表编辑器

图表编辑器是蓝图的主要区域。可以在此处添加新节点并连接它来创建网络，该网络定义了脚本行为。关于如何创建新节点和节点的更多信息将在本书后面详细讲解。

6.2.5　Details 面板

在 **Details**（**细节**）面板中可以访问所选**组件**（**Components**）或变量（**Variables**）的属性。它包含一个搜索框，可以搜索某个属性。

6.3　蓝图中图表的类型

如前所述，蓝图是保存在 **Content Browser**（**内容浏览器**）中的资源，用于创建新类型的 Actor 或脚本游戏的逻辑和事件等，使设计人员和程序员能够快速迭代游戏而无须编写代码。为了使蓝图具有脚本行为，需要在图表编辑器中使用各种节点来定义它的行为方式。我们快速浏览一下各种图表。

- **构造脚本图表**（**Construction Script Graph**）：构造图表在蓝图初始化以及蓝图中的任何变量发生变化时执行。也就是说，每次将蓝图的实例放置在关卡中并更改其变换或变量时，都会执行构造图表。每次构建图表都会执行一次构造脚本图表，并且在更新属性或蓝图时再次执行该图表。这可以用于构建程序元素或在游戏开始之前设置值。

- **事件图表**（**Event Graph**）：包含所有游戏玩法逻辑的地方，包括交互性和动态响应。通过使用各种事件节点作为函数、流控件和变量的入口，可以编写蓝图的行为脚本。事件图表仅在游戏开始时执行。

- **函数图表**（**Function Graph**）：默认情况下，该图表只包含一个使用函数名的入口。永远不能删除该节点，但可以自由移动它。仅在构造图表和事件图表中调用这个函数或从引用此函数所属蓝图的其他蓝图中调用这个函数时，才执行该图表中的节点。

- **宏图表**（**Macro Graph**）：类似于合并的节点图表。与函数图表不同，宏可以有多个输入或输出。

- **接口图表**（**Interface Graph**）：禁用接口图表后，将无法移动，也不能创建图表、变量和组件。

 只有类蓝图具有 **Construction Script**（**构造脚本**），在游戏开始时停止执行它，在游戏开始之前已执行完。

6.3.1　函数图表

函数图表是在蓝图内创建的节点图，可以从另一个图表（如**事件图表**或**构造脚本**）或另一个蓝图执行。默认情况下，函数图表包含单个执行引脚，当调用该函数时激活该执行引脚，促使执行连接的节点。

1．创建函数

通过 **My Blueprint**（**我的蓝图**）选项卡创建函数图表，可以根据需要创建任意数量的函数。

在 **My Blueprint**（**我的蓝图**）选项卡中，将鼠标指针悬停在函数标题上，然后单击 **+Function**（**＋函数**）按钮添加新函数（见下图）。

单击该按钮可以创建一个新函数，系统会提示你为其输入新名称。

2．图表设置

当创建新函数并选中它时，将获取该函数的一些属性，可以在 Details（细节）面板中更改这些属性（见下图）。下面介绍这些属性。

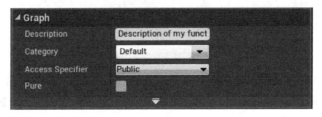

- **Description**（描述）：当鼠标指针悬停在另一个图表中的这个函数上时，会显示提示。
- **Category**（分类）：将此函数设置为给定的类别（仅限组织目的）。
- **Access Specifier**（访问修饰符）：在创建函数时，有时不希望在另一个蓝图中访问其中的一些函数。访问修饰符允许指定其他对象如何访问此函数。
- **Public**（公共）：表示任何对象都可以从任何地方访问此函数。这是默认设置。

- **Protected**（受保护）：表示当前蓝图和从当前蓝图派生的蓝图可以访问此函数。

- **Private**（私有）：表示只有当前蓝图才能访问此函数。

- **Pure**（纯虚函数）：在启用时，此函数标记为 **Pure Function**（纯虚函数）；在禁用时，则标记为 **Impure Function**（非纯虚函数）。

  - 纯虚函数不会以任何方式修改类的状态或成员，被视为仅输出数据值且没有执行引脚的**常量函数**。它们连接到其他**数据引脚**，并在需要数据时自动执行。

  - **非纯虚函数**可以自由修改类中的任何值，并且包含执行引脚。

下图显示了 **Pure Function**（纯虚函数）和 **Impure Function**（非纯虚函数）之间的差异。

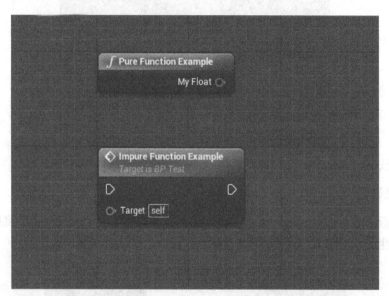

3．编辑函数

编辑函数用来定义所需的函数功能。可以拥有任意数量的输入和输出，在这些输入和输出之间创建节点网络以定义功能。要添加输入或输出，首先，在 **My Blueprint**（我的蓝图）选项卡中选择该函数，或者在打开 **Function Graph**（函数图表）时选择粉红色主节点。然后，在 **Details**（细节）面板中，将展示一个标记为 **New**（新建）的按钮，用于创建新输入或输出。

在下图中，可以看到如何向 **Function Example** 中添加新的输入和输出。

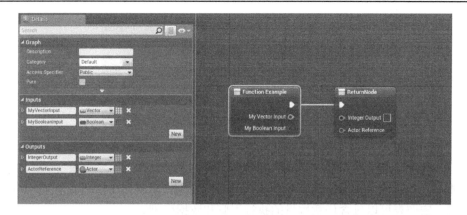

 ReturnNode 是可选的，只有在至少有一个输出数据引脚时才会出现。如果删除所有输出引脚，则会自动删除 **ReturnNode**，但是仍然可以使用该函数。

例如，在下图中，创建了一个蓝图函数，由于该函数为角色名附加了一个前缀，因此可以使用这个函数随时更改前缀。

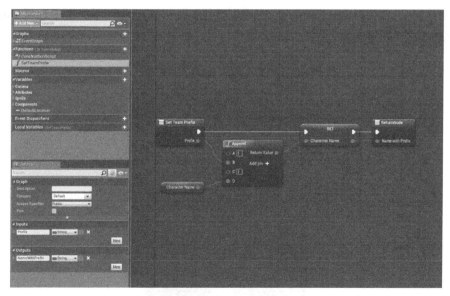

现在，回到 **Event Graph**（**事件图表**），在 **BeginPlay** 事件中调用此函数（见下图），这样就可以在游戏开始时设置角色的名字。

6.3.2 宏图表

从本质上讲宏图表是合并的节点图表，具有由通道节点指定的入口点和出口点，但不包含变量。宏图表可以包含任意数量的执行引脚和数据引脚。

与创建函数一样，可以在**类蓝图（Class Blueprint）**或**关卡蓝图（Level Blueprint）**中创建宏，也可以在 **Blueprint Macro Library**（蓝图宏库）中组织**宏**，其中 Blueprint Macro Library（蓝图宏库）在 **Content Browser**（内容浏览器）中创建。

Blueprint Macro Library（蓝图宏库）可以在一个地方包含所有**宏**，因此在任何其他蓝图中都能使用宏。由于它们可以包含最常用的节点并且可以传输数据，因此它们很节省时间。但只有在重新编译包含该宏的蓝图时才会体现对宏图表的更改。

要创建宏库，在 **Content Browser**（内容浏览器）中右击，从蓝图子类别中选择 **Blueprint Macro Library**（蓝图宏库），如下图所示。

　　选择该选项后，必须为宏选择父类。大多数时候，我们选择 Actor 作为父类。选择后，系统提示你键入宏库的名称并保存。

　　刚创建宏库时，编辑器会创建一个名为 **NewMacro_0** 的空白宏，并高亮显示以提示你重命名。

　　与函数一样，可以输入描述内容并为宏定义 **Category**（分类），还可以选择 **Instance Color**（实例颜色）为宏定义颜色。

　　在下图中，可以看到创建了一个具有多个输出的宏，并为宏定义了 **Description**（描述）、**Category**（分类）和 **Instance Color**（实例颜色）。

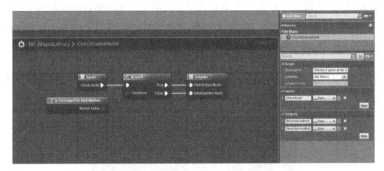

　　在其他蓝图中，现在可以获得此宏并使用它。如果将鼠标指针悬停在该宏上，可以看到设置为工具提示的描述（见下图）。

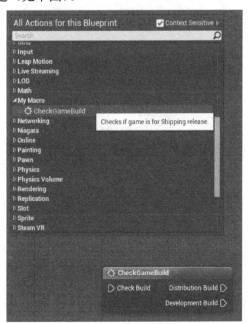

6.3.3 接口图表

接口图表是一组没有任何实现的函数，这些函数可以添加到其他蓝图中。实现接口的蓝图类肯定都包含接口中的所有函数。由用户为该接口中的函数提供功能。接口编辑器与其他蓝图类似，但不能添加新变量、编辑图表或添加组件。

接口用于在共享特定功能的各种蓝图之间进行通信。例如，如果玩家使用的是 **Flame Thrower** 枪并且游戏中有 **Ice** 和 **Cloth**，那么两者都可以受到伤害，但是一个融化，另一个燃烧。首先，可以创建一个包含 **TakeWeaponFire** 函数的**蓝图接口**（**Blueprint Interface**），并让 **Ice** 和 **Cloth** 实现此接口。然后，在 **Ice** 蓝图中实现 **TakeWeaponFire** 函数并使冰融化，在 **Cloth** 蓝图中实现相同的函数，但使布料燃烧。现在，当启动 **Flame Thrower** 时，直接调用 **TakeWeaponFire** 函数，并在那些蓝图中调用它们。

要创建新接口，右击 **Content Browser**（**内容浏览器**），从蓝图子类别中选择 **Blueprint Interface**（**蓝图接口**），如下图所示，然后命名它。

在以下示例中，将它命名为 **BP_TestInterface**。

如果新建接口，编辑器将创建一个名为 **NewFunction_0** 的空白函数，该函数高亮显示以提示你重命名。如果在任何蓝图上实现了此接口，那么这个蓝图将具有此函数。

在这个例子中，创建了一个名为 **MyInterfaceFunction** 的函数（见下图）。使用它来简单地输出实现此接口的 Actor 名。

要为此函数创建功能，首先需要在蓝图中实现此接口。因此，打开要在其中实现此函数的蓝图，并在**工具栏**中选择 **Class Settings**（类设置），如下图所示。

现在，**Details**（细节）面板显示了此蓝图的设置，并且在 **Interfaces**（接口）部分可以添加接口（见下图）。

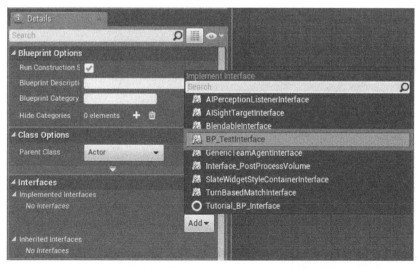

添加该接口后，**My Blueprint**（我的蓝图）选项卡将更新以显示接口函数（见下图）。现在，双击该函数即可打开图表并添加功能。

MyInterfaceFunction 出现在 **My Blueprint**（**我的蓝图**）选项卡中是因为该函数包含输出值。如果接口函数没有输出，则 **MyInterfaceFunction** 不会出现在 **My Blueprint**（**我的蓝图**）选项卡中。相反，当在蓝图中右击时，**MyInterfaceFunction** 会显示在 **Events**（**事件**）下。例如，在同一个接口中，创建另一个没有输出数据的函数（见下图）。

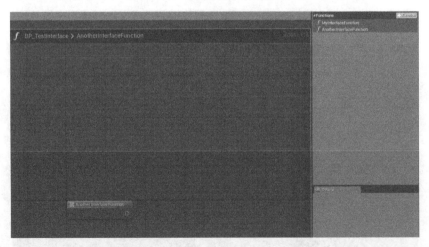

这个 **AnotherInterfaceFunction** 不会出现在 **My Blueprint**（**我的蓝图**）选项卡中，因为它没有输出。因此，要在蓝图中实现该函数，必须作为事件添加该函数（见下图）。

6.4 蓝图节点引用

蓝图对象的行为是由各种节点定义的。节点可以是图表中使用的**事件、函数调用、流控制、变量**等。即使每种类型的节点都具有唯一的功能，它们的创建和使用方式也是通用的。

通过右击 Graph 面板，从 **Context Menu**（上下文菜单）中选择节点，可以将节点添加到图表中（见下图）。如果选择了蓝图中的组件，还会列出该组件支持的事件和函数。

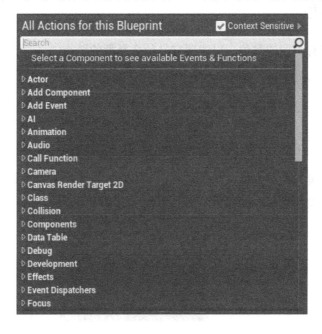

添加节点后，可以使用鼠标左键选中并移动它。通过 **Ctrl** 键和鼠标左键可以将某个节点添加到当前已选中的节点集合中，或将它从选中的节点集合中删除。在图表内单击并拖动会创建一个添加到当前选中节点的**选框**（**Marquee Selection**）。

节点可以有多个输入和输出，分为两种类型——**执行引脚**和**数据引脚**。

执行引脚启动执行流程，当执行完成时，它会激活输出执行引脚以继续执行流程。执行引脚在未连线时绘制为轮廓样式，在连接时绘制为白色实心样式（见下图）。

数据引脚是将数据从一个节点传输（如获取和输出）到另一个节点的节点。这些节点与数据类型有关。也就是说，它们可以连接到相同数据类型的变量。如果将某些数据引脚连接到另一个不同类型的数据引脚，则会自动转换这些数据引脚。例如，如果将浮点型变量连接到字符串变量，则蓝图编辑器将自动插入一个从浮点型到字符串的转换节点。与执行引脚类似，数据引脚在未连接时绘制为轮廓样式，在连接时绘制为纯色实心样式（见下图）。

6.4.1　节点颜色

蓝图中的节点有不同的颜色，以表明它是什么类型的节点。

红色节点表示事件节点，是程序开始执行的地方（见下图）。

蓝色节点要么表示一个函数，要么表示一个被调用的事件（见下图）。这些节点可以有多个输入或输出。顶部图标根据蓝色节点是函数还是事件而不同。

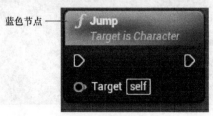

紫色节点既不能创建也不能销毁。可以在 **Construction Script**（**构造脚本**）和 **Functions**（**函数**）中看到该类型的节点（见下图）。

灰色节点可以是**宏**、**流控制**或**合并**的节点（见下图）。

绿色节点通常表示用于获取值的纯虚函数（见下图）。

青色节点表示转换节点，用于将某个对象转换为另一个对象（见下图）。

6.4.2　变量

变量是包含值或对象引用的属性。可以在蓝图编辑器或其他蓝图中访问变量。可以创建各种数据类型（浮点型、整型、布尔型等）、引用类型或类。每个变量也可以是一个数组。所有类型都编码成不同颜色，以便于识别。

6.4.3　数学表达式

数学表达式节点本质上是合并的节点，可以双击合并的节点，打开子图以查看其功能。

每次重命名节点，都会解析新表达式并生成新图表。要重命名节点，只须选择它并按 F2 键。

要创建**数学表达式**节点，首先，右击图表编辑器，并选择 **Add Math Expression**（**添加数学表达式**）节点。然后，系统将提示你输入**数学表达式**。

例如，输入表达式 (vector(x,y,z)) +((a + 1)*(b + 1)) 并按 Enter 键（见下图）。

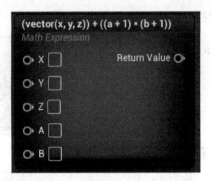

现在将看到**数学表达式**节点已自动解析这个表达式并从表达式中生成适当的变量和图表（见下图）。

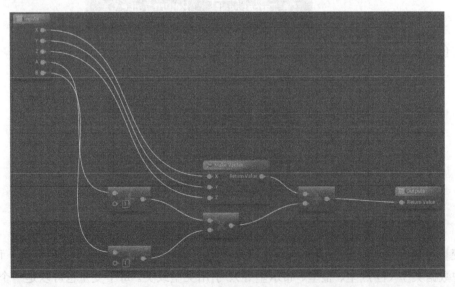

支持以下运算符，这些运算符可以与逻辑运算符和比较运算符一起使用，以创建复杂的表达式。

- **Multiplicative**（**乘除**）：*、/、%（模）。

- **Additive**（**加减**）：+、−。

- **Relational**（关系）：<、>、<=、>=。

- **Equality**（等于）：==（等于）、!=（不等于）。

- **Logical**（逻辑）：‖（或）、&&（与）、^（非）。

6.5 创建第一个蓝图类

既然我们已经了解了蓝图是什么以及它能做什么，下面就创建一个简单的蓝图 Actor，它自动旋转并在几秒钟后用粒子效果和声音摧毁自己。创建蓝图后，将它拖放到游戏世界中，再使用**关卡蓝图**在运行游戏时动态生成此蓝图。

6.5.1 创建新蓝图

要创建这个蓝图，首先在 **Content Browser**（**内容浏览器**）中右击，选择 **Blueprint Class**（**蓝图类**）。单击该按钮后，系统将提示你选择蓝图的父类。需要为蓝图指定父类，因为它将继承该父类的所有属性。

即使可以选择所有现有的类（甚至其他蓝图类），也要看看最常用的父类。

- **Actor**：可以在关卡中放置或生成基于 Actor 的蓝图。

- **Pawn**：也可以称为代理，可以"拥有"代理，并通过代理接收来自控制器的输入。

- **Character**：**Pawn** 的扩展类型，具有走路、跑步、跳跃、蹲伏等能力。

- **Player Controller**：用于控制 **Character** 或 **Pawn**。

- **Game Mode**：定义正在玩的游戏。

- **Actor Component**：一种可重用的组件，可以添加到任意一个 Actor 上。

- **Scene Component**：一种具有场景变换的组件，可以附加到其他场景组件中。

在这个例子中，使用 **Actor** 类作为父类，因为我们希望将 Actor 类放在关卡中并在运行时生成。因此，选择 **Actor** 类，Unreal Engine 将创建新的蓝图并将它放置在 **Content Browser**（**内容浏览器**）中。双击新创建的蓝图，打开蓝图编辑器。默认情况下，应该打开 **Viewport**（**视口**）选项卡，如果没有，则选择 **Viewport**（**视口**）选项卡。可以在此处查看和操作所有组件。

现在我们需要一个在生成此蓝图时可以旋转的组件。在 **Components**（**组件**）选项卡

上单击 **Add Component**（添加组件）并选择 **Static Mesh** 组件。添加组件后，将它重命名为 **Mesh Component**（可以选择你喜欢的任何名字，但是这个例子中选择该名字），注意 **Details**（细节）面板是如何填充静态网格属性的。

在 **Details**（细节）面板中，可以找到对应组件类型的部分，在那里分配要使用的资源。

但是，在这个例子中，不要直接在 **Components**（组件）选项卡中指定网格，而要创建一个变量 **Static Mesh**，使用该变量在图表中指定网格。这样，可以在不打开蓝图编辑器的情况下更改网格。

在 **My Blueprint**（我的蓝图）选项卡中，创建一个新变量并将其类型设置为 **Static Mesh**（确保选择了 **reference**）。

在 Unreal Engine 4.9 之前的版本中，可以搜索 **Static Mesh** 并直接选择 reference。在 4.9 之前没有其他额外的选项。

之后，将该变量重命名为 **My Mesh**。由于此变量用于指定与 **Static Mesh** 组件一起使用的资源，因此将该变量公开，以便将它放入游戏世界后可以在 **Details**（细节）面板中更改它。要公开该变量，选择它并在蓝图编辑器的 **Details**（细节）面板中启用 **Editable**（可编辑）功能。使该变量可编辑后，编译蓝图（快捷键是 F7），之后可以为 **My Mesh** 变量分配默认网格。在这个例子中，添加一个简单的立方体 **Static Mesh**。

既然设置了变量，就可以将它分配给 **Static Mesh** 组件。因为每次初始化此蓝图和每次更改变量或属性时都会执行 **Construction Graph**（构造图表），这是将为 **Static Mesh** 组件分配网络的地方。因此，打开 **Construction Graph**（构造图表）并执行以下操作。

（1）右击图表编辑器，搜索 **Mesh Component**。

（2）从上下文菜单中选择 **Mesh Component**。

（3）单击并拖动输出引脚然后释放它。现在，将看到一个新的上下文菜单，在该菜单中搜索 **Set Static Mesh** 并选择它。

（4）再次右击图表编辑器并搜索 **My Mesh**。

（5）选择 **My Mesh** 并将输出引脚连接到 **Set Static Mesh** 蓝图节点的输入（**New Mesh**）。

（6）将 **Construction Script** 的执行引脚连接到 **Set Static Mesh** 蓝图节点，单击 **Compile**

（编译）进行编译（快捷键是 F7）。

在编译后检查 **Viewport**（视口）选项卡，会在那里看到新的网格。现在，将此蓝图拖到游戏世界中，在 **Details**（细节）面板中可以将 **My Mesh** 更改为任意的 **Static Mesh**（静态网格）。

按 Ctrl + E 快捷键打开游戏世界中所选择的对象的关联编辑器。

6.5.2　旋转静态网格

在蓝图编辑器中，旋转网格物体有几种方法。本节将介绍最简单的方法——使用 **Rotate Movement** 组件。

打开蓝图（如果已关闭蓝图）并添加一个名为 **Rotating Movement** 的新组件。该组件将使该 Actor 以给定的旋转速率围绕指定点连续旋转。该组件有 3 个主要参数，可以在蓝图图表中更改。这 3 个参数分别如下。

- **Rotation Rate**（旋转速率）：将更新 **Roll/Pitch/Yaw** 轴的速度。
- **Pivot Translation**（枢轴转换）：旋转的枢轴点。如果它设置为零，那么围绕对象的原点旋转。
- **Rotation in Local Space**（局部空间中的旋转）：旋转应用在局部空间还是世界空间中。

创建两个新变量（**Rotator** 和 **Vector**）并使它们可编辑，以便可以在世界空间的 **Details**（细节）面板中更改它。最终界面如下图所示。

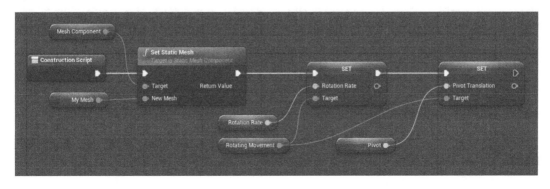

6.6　几秒后销毁蓝图 Actor

一旦在游戏世界中放置或生成一个 Actor，就可以用粒子效果和声音销毁这个 Actor。为此，执行以下操作。

（1）创建一个新变量（float 型），将它命名为 **DestroyAfter**，给它设置一个默认值——5s。

（2）选择 **Event Graph**（**事件图表**）并添加一个名为 **Event BeginPlay** 的新事件。当游戏开始或者在游戏中生成 Actor 时，立即执行该节点。

（3）右击图表编辑器，搜索 **Delay** 并添加它。将 **Event BeginPlay** 连接到 **Delay** 节点。此节点用于在指定的秒数后调用一个动作。

（4）**Delay** 节点接受一个浮点值，该值表示持续时间。持续时间结束后，继续执行下一个操作。将 **DestroyAfter** 变量连接到 **Delay** 的引脚 Duration。

（5）右击图表，搜索 **Spawn Emitter at Location**。此节点将在指定的位置和旋转位置生成给定的粒子效果。将 **Delay** 连接到此节点，并通过在 **Emitter Template** 中分配粒子效果来设置粒子效果。要设置位置，右击图表，搜索 **GetActorLocation**，将它连接到 Location 引脚。

（6）右击图表，搜索 **Spawn Sound at Location**。此节点将在给定位置生成并播放声音。将 **Spawn Emitter at Location** 节点连接到此节点。

（7）要销毁此 Actor，右击图表编辑器，搜索 **DestroyActor**，将它连接到 **Spawn Sound at Location** 节点。

最终界面如下图所示。

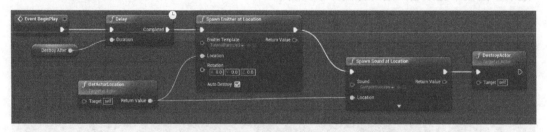

现在，当将这个 Actor 放在游戏世界中并开始游戏时，会看到它旋转，在 5s（或者在 **Destroy After** 中使用的值）后，将在产生粒子效果和播放声音之后销毁这个 Actor。

6.7 在关卡蓝图中生成蓝图类

我们将学习如何在游戏运行时在游戏世界中生成蓝图 Actor，而不是在编辑时直接放置。

在继续之前，在旋转蓝图 Actor 中更改 **DestroyAfter** 变量。打开旋转 Actor 的蓝图编辑器，在 **Variables**（变量）中，选择 **DestroyAfter** 变量，在 **Details**（细节）面板中，勾选 **Expose On Spawn**（在生成时显示）复选框（见下图）。

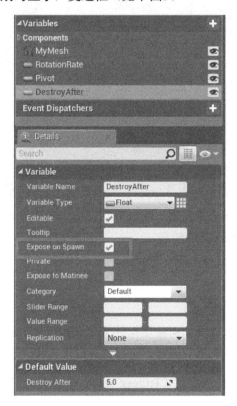

这个设置表示此变量将在 **Spawn Actor** 节点中公开。

打开关卡，在工具栏中单击 Blueprints（蓝图）按钮并选择 **Open Level Blueprint**（打开关卡蓝图）。在**关卡蓝图**中，执行以下操作。

（1）右击图表，搜索 **Event BeginPlay** 并添加它。

（2）右击图表，搜索 **Spawn Actor from Class**（从类生成 Actor）并添加它。此节点将在指定的位置、旋转位置和缩放位置生成给定的 Actor 类。

（3）在 Class 引脚中将这个类设置为 **Rotating Blueprint Actor**。请注意 **Destroy After** 变量是如何在生成节点中公开的。现在可以从该生成节点调整该值。

（4）从 **Spawn Transform** 节点的引脚拖动鼠标左键并释放。从弹出的上下文菜单中选择 **Make Transform**。变换节点包括平移、旋转和缩放这 3 种 3D 变换。在这个例子中，将 **Location** 设置为（0, 0, 300），这样就会在地面上方 300 单位处生成这个 Actor。

最终界面如下图所示。

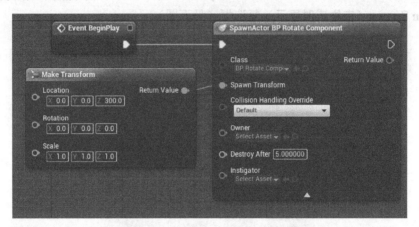

如果你玩游戏（按 Alt + P 快捷键）或模拟（按 Alt + S 快捷键），将看到在地面上方 300 单位处生成这个旋转的 Actor 并旋转它。

6.8 小结

本章介绍了组件是什么以及如何使用组件来定义蓝图 Actor，还讨论了蓝图节点以及如何创建蓝图节点。根据本章学习的内容，可以通过以下方式进一步提升游戏效果。

- 与关卡中放置的触发器体积（Trigger Volume）重叠时产生此 Actor。
- 在生成此蓝图时播放粒子和声音效果。
- 如果玩家在一定范围内，则会对玩家造成伤害。

在下一章中，我们将使用 Matinee 创建一个过场动画。

第 7 章
Matinee

Matinee 动画工具为 Actor 属性提供了随时间进行动画处理的功能,要么创建动态的游戏进程体验, 要么在游戏中播放过场动画序列。该系统基于专用的动画轨迹,可以在该轨迹上放置关键帧来设置关卡中 Actor 某些属性的值。Matinee 编辑器的**用户界面**（**User Interface,UI**）类似于用于非线性的视频编辑编辑器,这使得视频制作专业人员对它感觉很熟悉。

在本章中,我们将创建一个 Matinee 序列,学习如何通过**关卡蓝图**播放。下面启动 Unreal Engine 4,基于**第三人称模板**（**Third Person Template**）创建一个新项目。

7.1 创建新 Matinee 资源

要打开 Matinee 用户界面,首先需要创建 Matinee 资源。单击关卡编辑器工具栏中的 **Matinee** 按钮[1],选择 **Add Matinee**（添加 **Matinee**）创建 Matinee 资源。当单击它时,可能会弹出一条警告——"对数据执行 Undo（撤销）或 Redo（重做）操作将会被重置"。当处于 Matinee 模式时,一些更改将转换为关键帧,因此编辑器需要清除撤销的栈。单击 **Continue**（继续）按钮,将在该关卡中放置一个新的 Matinee Actor,并打开 Matinee 编辑器。在以下 Matinee 窗口中,创建新 Matinee Actor。

下图是 Matinee Actor 图标。Matinee Actor 放置在世界场景中。

新建 Matinee Actor 后，会自动打开 **Matinee** 窗口。如果没有，那么选择游戏世界中的 **Matinee Actor**，并单击 **Details**（细节）面板中的 **Open Matinee**（打开 **Matinee**）按钮（见下图）。

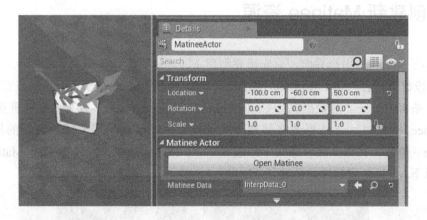

7.1.1　Matinee 窗口

我们快速浏览一下 Matinee 窗口（见下图）。

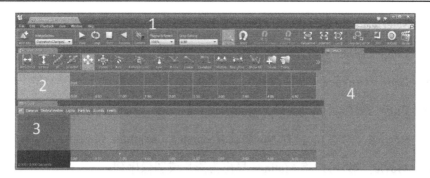

Matinee 窗口包括以下部分。

- **Toolbar**（**工具栏**）：包含 Matinee 编辑器的所有常用按钮，如播放 Matinee、停止它。下面详细介绍这些工具栏按钮。

  ➢ **Add Key**（**添加关键帧**）：在当前选定的轨道上添加一个新的关键帧。

  ➢ **Interpolation**（**插值**）：设置添加新关键帧时的默认插值模式。

  ➢ **Play**（**播放**）：以正常的速度播放从轨道视图中当前位置到序列结束的预览。

  ➢ **Loop**（**循环**）：在循环部分循环预览。

  ➢ **Stop**（**停止**）：停止播放预览。单击两次将回退序列并将时间栏放在 Matinee 的开头。

  ➢ **Reverse**（**快退**）：倒回播放预览。

  ➢ **Camera**（**相机**）：在游戏世界上创造一个新的相机 Actor。

  ➢ **Playback Speed**（**播放速度**）：设置播放速度。

  ➢ **Snap Setting**（**对齐设置**）：选择用于对齐的时间轴间隔大小。

  ➢ **Curves**（**曲线**）：打开或关闭曲线编辑器。

  ➢ **Snap**（**对齐**）：启用时间光标对齐或关键帧对齐。

  ➢ **Time to Frames**（**时间与帧**）：将时间轴光标与 **Snap Setting**（**对齐设置**）下拉列表中选择的设置中指定的帧率对齐。仅当 **Snap Setting**（**对齐设置**）使用帧每秒时可用。

  ➢ **Fixed Time**（**固定时间**）：将 Matinee 的播放速率锁定为 **Snap Setting**（**对齐设置**）中指定的帧率。仅当 **Snap Setting**（**对齐设置**）使用帧每秒时可用。

  ➢ **Sequence**（**序列**）：将时间轴视图与整个序列匹配。

> ➢ **Selected**（选定项）：将时间轴视图与选定项匹配。

> ➢ **Loop**（循环）：将时间轴视图与循环匹配。

> ➢ **Loop Sequence**（循环序列）：自动将循环的开始和结束设置为整个序列。

> ➢ **End**（末尾）：移动到轨迹末尾。

> ➢ **Record**（录制）：打开 **Matinee Recorder**（**Matinee 录制器**）窗口。

> ➢ **Movie**（影片）：将 Matinee 导出为影片或图像序列。

因为 Matinee 与其他非线性视频编辑器类似，所以可以使用以下常用快捷键。

> ➢ J：向后播放序列。

> ➢ K：停止/暂停。

> ➢ L：向前播放序列。

> ➢ 加号（+）：放大时间轴。

> ➢ 减号（−）：缩小时间轴。

- **Curve Editor**（曲线编辑器）：允许可视化并编辑 Matinee 序列中的轨迹使用的动画曲线。可以精确控制随时间变化的属性。通过启用或关闭工具栏中的 **Curves**（曲线）按钮，在曲线编辑器中编辑具有动画曲线的某些轨迹。单击 Curves 按钮将曲线信息发送到曲线编辑器，从而使曲线对用户可见。

- **Tracks**（轨迹）：这是 Matinee 窗口的核心。在此处设置轨迹的所有关键帧，并将它们放到选项卡、组和文件夹中。默认情况下，当创建 Matinee 时，轨迹长度设置为 5s。

> ➢ 选项卡（**Tabs**）：用于分类（见下图）。可以将轨迹放入各种标签中。例如，将 Matinee 中的所有光照放到 **Lights** 选项卡中，将相机放到 **Camera** 选项卡中，依次类推。**All** 选项卡将显示序列中的所有轨迹。

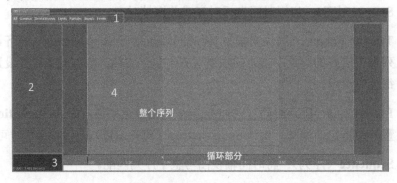

> ➢ **轨迹列表**（**Track List**）：创建轨迹的地方，可以在时间轴中创建关键帧并将它分到不同组中。还可以创建新文件夹，将所有组整理到单独的文件夹中。

> ➢ **时间轴信息**（**Timeline Info**）：显示有关时间轴的信息，包括当前时间、光标所在位置以及序列的总长度。

> ➢ **时间轴**（**Timeline**）：显示序列中的所有轨道，这是使用关键帧操作对象、动画相机等的地方。绿色区域显示循环部分（在绿色标记之间）。在轨迹视图的底部，可以看到一个小黑条——**时间条**（**Time Bar**）。如果单击并拖动时间条，可以向前或向后移动时间轴，这样可以快速预览动画。要调整序列的长度，应将最右边的红色标记移动到对应的长度。

7.1.2 操作对象

Matinee 可用于创建过场动画，可以在其中移动相机并操纵对象，也可以将它用于简单的游戏元素，例如，打开门和移动升降机。在这个例子中，我们将看到如何将一个简单的立方体从一个位置移动到另一个位置。

从 **Engine Content**（引擎内容）中将 **Cube** 网格拖放到游戏世界中。Cube 网格位于 Engine Content\BasicShapes 文件夹中（见下图）。

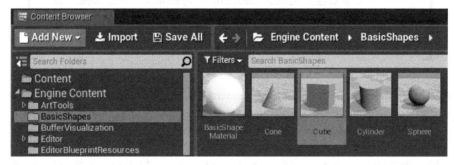

要获取 **Engine Content**（引擎内容），需要在 **Content Browser**（内容浏览器）中启用它。

（1）在 **Content Browser**（内容浏览器）的右下角，可以看到 **View Options**（视图选项）。

（2）勾选 **Show Engine Content**（**显示引擎内容**）复选框（见下图）。

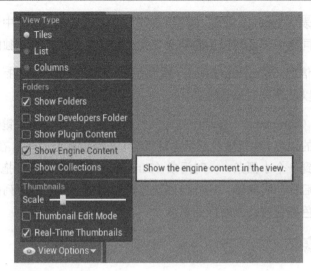

将 **Cube** 放入游戏世界后，打开 **Matinee** 编辑器。确保在游戏世界中选择了 **Cube**，在轨迹列表区域中右击，并选择 **Add New Empty Group**（添加新空白组）。现在，系统提示你输入组的名称，这里将其命名为 **Cube_Movement**。

 如果在屏幕右下角看到通知显示，已将 **Cube Mobility**（**移动性**）更改为 **Movable**（**可移动**），不要惊慌。在 Matinee 中操纵的 Actor 必须将 **Mobility**（**移动性**）设置为 **Movable**（**可移动**）。

现在如果在 Matinee 中单击 Cube_Movement 组，可以看到游戏世界中的 **Cube** 将自动选中。这是因为当创建组时，在游戏世界中选择了 **Cube**，在游戏世界中选择的对象将自动与所创建的组关联。

要在游戏世界中移动 Cube，需要向 **Cube_ Movement** 组添加一个移动轨迹。要创建此轨迹，请按照以下步骤进行操作。

（1）右击**空白组 Cube_Movement**（见下图）。

（2）选择 **Add New Movement Track**（添加新移动轨迹）。

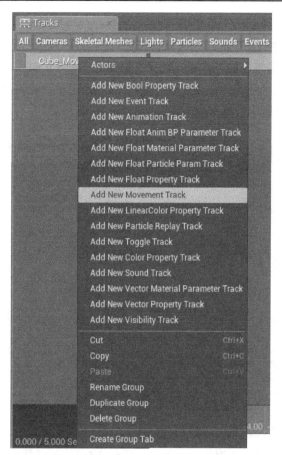

这将为**空白组**添加一个新的移动轨迹，并将 Cube 的当前位置设置为第一个关键帧。在下图中，时间轴开头的小三角形是关键帧。

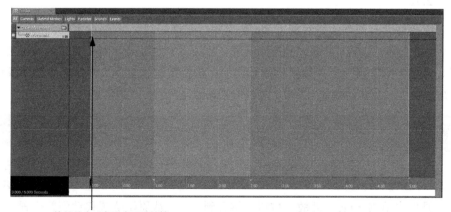

这里的小三角形表示关键帧

现在，我们希望 Cube 向右移动一段距离，并且在此序列结束时，回到其默认位置。因此，将时间条移动到序列的中间（因为默认长度为 5s，所以将时间条移动到 2.5s 处），返回 **Viewport**（视口）编辑器。在这里，首先选择 Cube 并将它向右（沿 y 轴）移动一段距离，然后按 Enter 键。注意，现在 Matinee 已在 2.5s 处创建了一个新的关键帧，将看到一条虚线，这表示 Cube 的移动路径（见下图）。

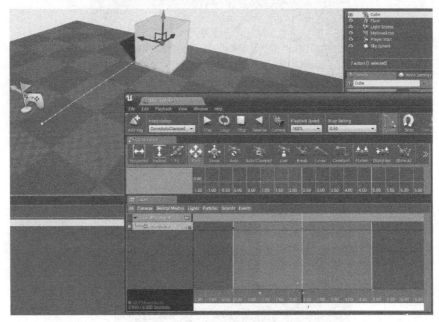

要在确切的时间点设置关键帧（例如，精确到 2.5s），可以首先单击关键帧并选择它，然后右击并选择 **Set Time**（**设置时间**）。现在系统将提示你输入设置关键帧的新时间。这里可以输入 2.5。

如果现在移动时间条，将看到 Cube 从原始位置移动到 2.5s 处设定关键帧的新位置。现在，为了使 Cube 在序列末尾回到原始位置，可以简单地将第一个关键帧复制和粘贴到序列末尾。为此，单击第一个关键帧，按 Ctrl + C 快捷键进行复制。然后，将时间条移动到序列末尾，按 Ctrl + V 快捷键粘贴。完成的 Matinee 应该如下图所示。

在工具栏中单击 **Play**（**播放**）按钮，将看到 Cube 从原始位置移动到新位置，并在序列结束时，返回原始位置。

既然 Matinee 准备好了，下面就介绍如何在游戏中播放 Matinee。我们要做的是在关卡中放置一个触发器盒，当玩家与触发器重叠时播放 Matinee。当退出触发器时，Matinee 停止。

要在游戏世界中放置触发器盒，从 **Modes（模式）**选项卡（位于 **Place（放置）**模式下的 **Volume（体积）**）将它拖放到视口中。如果没有显示 **Modes（模式）**选项卡，则按照以下步骤进行操作。

（1）按 Shift＋1 快捷键打开 Modes（模式）选项卡（确保视口处于焦点位置）。

（2）如下图所示，在 **Modes（模式）**选项卡中，选择 **Place（放置）**模式（按 Shift＋1 快捷键）。

（3）选择 **Volumes（体积）**选项卡。

（4）拖放 **Trigger Volume** 盒。

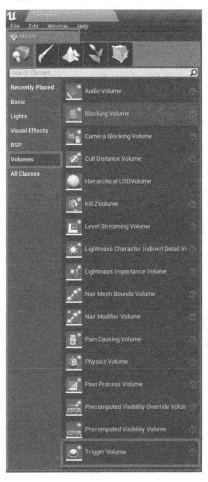

把触发器盒放入游戏世界后（任意调整触发器的大小），右击它并选择 **Add Event**（添加事件）→**OnActorBeginOverlap**（见下图）。

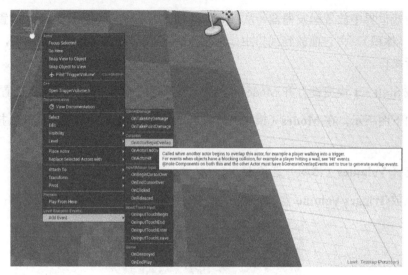

这将为 **Level Blueprint**（关卡蓝图）中的 **Trigger Volume** 添加一个新的 **Overlap Event**。由于需要在退出触发器时停止 Matinee，因此再次右击 **Trigger Volume** 并选择 **Add Event**（添加事件）→**OnActorEndOverlap**。现在 **Level Blueprint**（关卡蓝图）中有两个事件（**Begin Overlap** 和 **End Overlap**）。

如下图所示，两个重叠事件都为我们提供了当前与此触发器重叠的 Actor。只有当角色重叠时，才会使用此信息播放 Matinee。为此，执行如下操作。

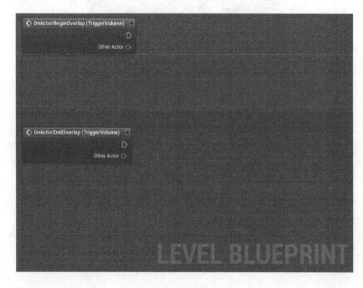

（1）单击并拖动 **OnActorBeginOverlap** 事件中的 Other Actor 引脚。在弹出的上下文菜单中，输入 **Cast to Character** 并选择它。

（2）将 **OnActorBeginOverlap** 的执行引脚连接到新建的 **Cast to Character** 节点。

（3）要播放 Matinee，首先需要在 **Level Blueprint**（关卡蓝图）中创建它的引用。因此，选择游戏世界中的 Matinee 图标，在 **Level Blueprint**（关卡蓝图）中右击。从弹出的上下文菜单中，选择 **Create a reference to Matinee Actor**。这将添加一个新节点，该节点称为游戏世界中的 Matinee Actor。然后，从此节点拖动新线，输入 **Play** 并选择它。

（4）将 **Cast to Character** 节点的输出（未命名）执行引脚连接到 Matinee 的 **Play** 节点。

（5）要在退出触发器时停止 Matinee，可以执行与之前相同的操作，但不使用 Play 节点，而使用 **Stop** 节点。

最终界面如下图所示。

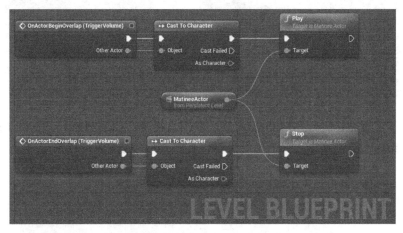

现在，当玩游戏并与触发器重叠时，Matinee 将会播放（见下图）。

7.1.3 场动画相机

既然我们已经学会了如何创建 Matinee 并移动对象，现在就该学习如何创建一个简单的过场动画了。在本节中，我们将创建一个在触发 Matinee 时聚焦于 Cube 的相机。

要创建相机，首先将视口相机放在正确的位置。在编辑器视口中，导航到 Matinee 相机要放置的位置。在下图中，可以看到相机放置的位置。

导航到该位置后，打开 **Matinee** 窗口。在工具栏中，如下图所示，单击 **Camera**（相机）按钮（系统会提示你输入新的组名称）以在当前的**视口**相机位置创建相机。

这也将创建一个包含两个轨迹的新相机组，它们分别是 **Field of View(FOV)** 和 **Movement**。由于我们不使用 FOV 轨迹，因此右击它，选择 **Delete Track**（删除轨迹），或者直接按 Delete 键将它从轨迹列表中删除 FOV 轨迹。

首先，选择相机的移动轨迹，将时间条移动到序列的末尾。然后，在编辑器视口中，选择由 Matinee 创建的相机并将它移动到新位置。在这个例子中，将相机移动到右侧并将它旋转 30°。在下图中，可以看到相机的初始位置以及序列末尾的新位置。

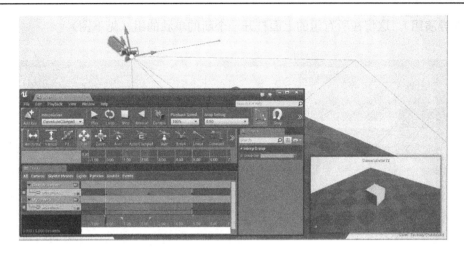

下图展示了相机的新位置。

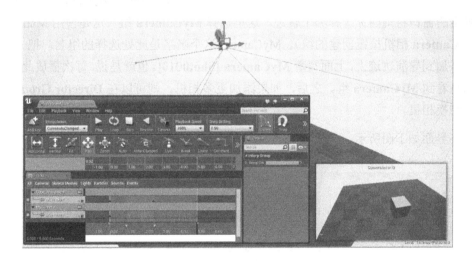

现在开始玩游戏，从我们之前放置的 **Trigger Volume** 处触发 Matinee，将看到 Cube 会像之前一样移动，但不会从相机视角看到它。为了通过现在放置的相机看到它，需要向 Matinee 添加 **Director Track**（导演轨迹）。下面介绍 **Director Group**（导演组）是什么。

导演组

导演组的主要功能是控制 Matinee 的视觉和听觉。这个组的重要功能是控制在序列中选择哪个相机组。当 Matinee 中有多个相机时，使用导演组可在其中一个相机和下一个相机之间切换。

要创建新的 **Director Group**（导演组），右击轨迹列表，选择 **Add New Director Group**

（**添加新导演组**）。这将在所有组的上面打开一个新的单独的组（见下图）。

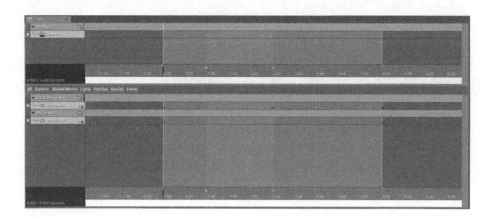

因为在这个组中只有一个相机，所以将它添加到导演轨迹中。选择导演轨迹，按 Enter 键。弹出的窗口将询问你选择哪个轨迹，这里选择 **MyCamera** 组（这是使用 Matinee 工具栏中的 **Camera 相机**按钮创建的组）。MyCamera 这个名字是此处选择的组名。把一个新的关键帧添加到导演轨迹上，上面写着 **MyCamera [Shot0010]**。也就是说，每次播放此 Matinee 时，都将看到 **MyCamera** 组。之后，如果添加更多相机，则可以在 **Director Group**（**导演组**）中切换相机。

最终界面如下图所示。

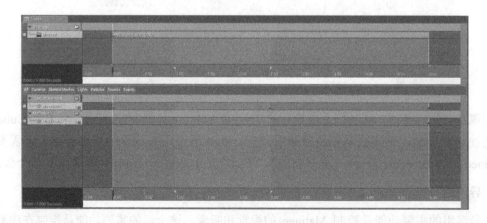

现在，如果在游戏中播放 Matinee，将通过新的 **Camera**（相机）视角看到它。

有时，当播放过场动画时，最好禁用玩家移动（这样当激活过场动画时，将禁用所有玩家输入，如移动）和 HUD 等功能。要执行该操作，在游戏世界中选择 MatineeActor，并在 **Details**（细节）面板中设置必要的选项（见下图）。

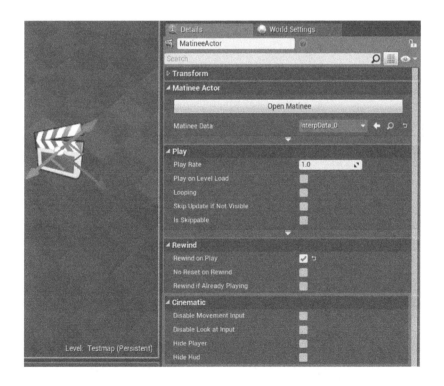

7.2 小结

Matinee 是一款非常强大的创建游戏过场动画的工具。通过多个相机和其他视觉/听觉效果，可以创建美观且专业的过场动画。本章已经介绍了如何操作对象和相机，现在你应该尝试使用相机创建电梯移动的效果。

第8章
虚幻动态图形

虚幻动态图形（**Unreal Motion Graphics**，**UMG**）是一种用户界面（UI）创作工具，用于在游戏平视显示器（**Heads Up Display**，**HUD**）、主菜单和其他 UI 元素中创建用户界面。它们使用名为 **Widget Blueprint**（**控件蓝图**）的特殊蓝图来创建，包含用于构建界面的各种预定义的控件。本章会介绍 UMG。

本章将讲述如何创建 UMG 控件，并为角色分配一个控件以显示其生命值，还将讲述如何创建浮动生命条。

8.1 新建项目

启动 Unreal Engine 4，基于第三人称模板创建新项目。

由于要有一个带有生命条的 HUD，因此在第三人称角色蓝图中添加一个新的生命变量。打开 ThirdPersonBP/Blueprints 文件夹中的 **ThirdPersonCharacter** 蓝图。

在 Character 蓝图中，创建一个名为 **Health** 的新变量，并按照以下步骤进行操作。

（1）将变量类型设置为 Float 并为其指定默认值 100.0（见下图）。下一步是创建一个**纯虚函数**，显示玩家总体生命值的百分比。

（2）在 Character 蓝图中，创建一个新函数（例如，**GetHealthPercentage**）并打开它。

（3）在函数图表中，获取生命变量并将它除以默认生命值。通过这样做，将获得玩家生命的百分比。要获取类中任意变量的默认值，可以右击图表并搜索 **Get Class Default**。该节点将返回创建变量的默认值。

（4）为该函数创建一个新输出（浮点类型）并将结果（Divide 节点）连接到此输出。

此函数将返回玩家生命值的百分比。例如，如果玩家的生命值是 42，那么将它除以 100（默认生命值），将返回 0.42。将此信息用于 HUD 中的进度条以及浮动生命条。

生成的蓝图函数如下图所示。

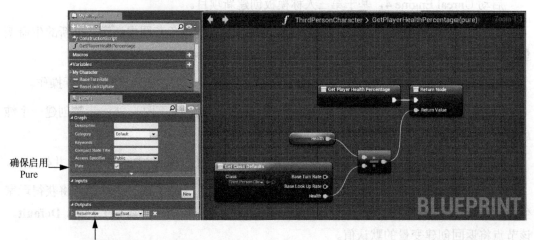

确保启用
Pure

重要提示：输出名必须设置为ReturnValue

将输出名称设置为 **ReturnValue** 非常重要。

现在创建 UMG 控件，并使用此函数显示玩家的生命值。

8.1.1 创建 HUD 控件

要创建新的控件蓝图，需要按照以下步骤进行操作。

（1）右击 Content Browser（内容浏览器）。

（2）在 **User Interface**（**用户界面**）下选择 **Widget Blueprint**（**控件蓝图**），如下图所示。

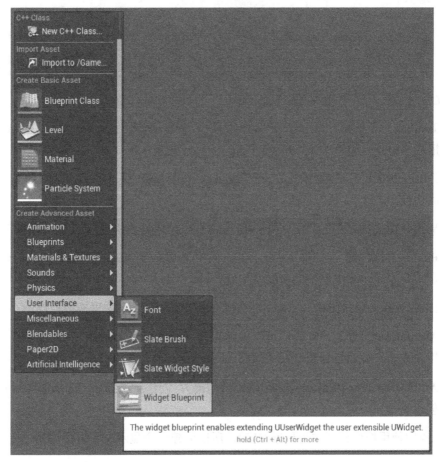

选择后，新的**控件蓝图**会放置在内容浏览器中，并提示输入新名称。在本例中，将它

命名为 **MyUMG_HUD**。

双击 MyUMG_HUD 在控件蓝图用户界面中打开它（见下图）。

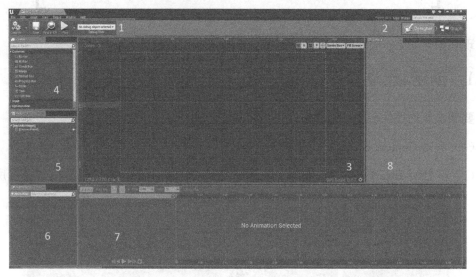

这是控件蓝图，是为游戏创建 UI 的地方。下面介绍控件蓝图用户界面。

- **Toolbar**（工具栏）：这是一个常用工具栏，可以**编译**（**Compile**）、**保存**（**Save**）、**播放**（**Play**）和**调试**（**Debug**）图表。

- **Editor Mode**（编辑器模式）：在 **Designer**（设计师）模式和 **Graph**（图表）模式之间切换。

- **Visual Designer**（设计师）：拖放所有控件以创建游戏中显示的 UI 的主要区域。

- **Palette**（控制板）：控件列表，这些控件可以拖放到 **Visual Designer**（设计师）区域中。它还将列出创建的所有自定义控件。

- **Hierarchy**（层次结构）：显示此控件的结构。也可以在这里拖放控件。

- **Animations**（动画）列表：可以创建新的 **Animation Tracks**（动画轨迹），可以使用它来为控件的各种属性设置动画。

- **Animation Track Editor**（动画轨迹编辑器）：创建新动画后，选择该动画并在此处创建关键帧。

因为我们使用控件蓝图作为玩家 HUD，所以创建一个显示玩家生命值的进度条。

8.1.2　创建生命条

从 **Palette**（控制板）窗口中，将 **Progress Bar** 控件拖放到 **Visual Designer**（设计师）区域中。放置控件后，将它调整为期望的大小。可以把它放在任何地方，但是在这个例子中把它放在屏幕的左下角。

当选择 **Progress Bar** 控件时，在 **Details**（细节）面板中将看到可编辑的所有属性，包括 **Progress Bar** 的名称。在这个例子中，将进度条的名称改为 HealthBar。**Progress Bar** 控件提供了各种可以更改的设置，包括外观。

下图是刚刚放置的生命条。

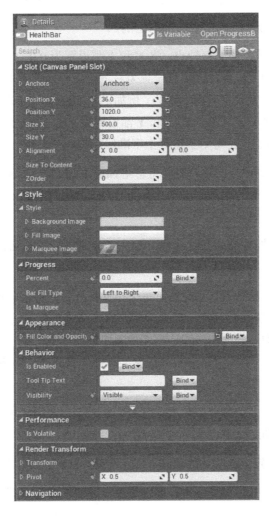

我们快速浏览一下将要修改的一些常见设置。

- **Anchors**（锚点）：定义控件的位置，并根据不同的屏幕大小保持这个位置。默认情况下有 16 个锚点位置，通常，设置其中一个位置足以满足大多数需求。但有时必须手动调整锚点位置。例如，如果游戏有一个库存系统，玩家可以动态调整其中内容的大小，就需要手动调整锚点位置。在这个例子中，将锚点位置设置为屏幕的左下角。

- **Position X**（位置 X）：控件在 X 轴上的（水平）位置。

- **Position Y**（位置 Y）：控件在 Y 轴上的（垂直）位置。

- **Size X**（尺寸 X）：控件在 X 轴上的比例。

- **Size Y**（尺寸 Y）：控件在 Y 轴上的比例。

- **Alignment**：这是控件的枢轴点。将 X 和 Y 都设置为 0.0 会将枢轴点设置为左上角，将两者都设置为 1.0 会将枢轴点设置为右下角。可以使用 Anchors 的 Alignment 选项将控件精确地设置在屏幕的中心。例如，将 Alignment 选项（X 和 Y）设置为 0.5，将锚点设置为中心，并将位置 X 和 Y 都设置为 0.0，就会把控件精确地放置到屏幕的中心。Alignment 还可用于设置十字准线。

- **Size to Content**：如果启用，控件将忽略 **Size X**（尺寸 X）和 **Size Y**（尺寸 Y）的值，而根据控件内容进行缩放。例如，如果控件是 **Text Block**，则将根据给定文本的大小自动缩放。

- **ZOrder**：定义控件的渲染优先级。优先级较高的控件最后渲染，使得它显示在其他控件之上。

- **Style**：定义控件的外观。请注意，每个控件都有自己独特的样式设置（可以使用**纹理**或**材质**作为控件的图像）。如果控件是进度条控件，则样式类别将允许你修改进度条的填充图像、背景图像和选框图像。如果控件是按钮，则可以根据按钮状态更改按钮的图像。例如，**Normal**（正常）状态、**Hover**（悬停）状态、**Pressed**（按下）状态等。

- **Percent**：使用给定值填充进度条，范围为 0～1。在此示例中，将使用角色的 **Health Percentage** 驱动这个值。

- **Bar Fill Type**：定义进度条的填充方式。例如，从左到右、从右到左、从中心等。

- **Is Marquee**：启用动画进度条。也就是说，进度条将显示其处于激活状态，但不显示何时停止。

- **Fill Color and Opacity**：定义进度条的填充颜色和不透明度。

既然我们知道了 **Progress Bar** 的设置，下面就将角色的生命百分比赋给创建的生命条。首先，通过单击控件蓝图右上角的 **Graph**（**图表**）按钮将 **Editor**（**编辑器**）模式切换为 **Graph**（**图表**）模式。单击后，将看到此控件的蓝图图表编辑器。

控件蓝图的左侧是 **My Blueprint**（**我的蓝图**）选项卡。如第 6 章所述，这是创建变量的地方。因此，创建一个新变量（将它命名为 MyCharacter），将类型设置为 **Third Person Character**，如下图所示。

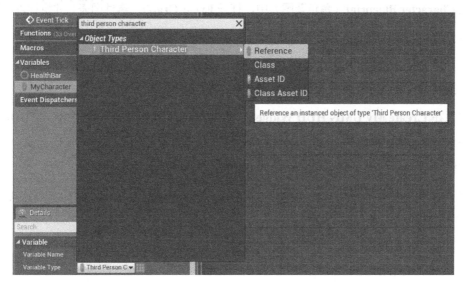

创建变量后，返回 **Designer**（**设计师**）模式，选择 **Progress Bar**。在 **Details**（**细节**）面板中，在 **Percent** 值附近将看到 **Bind**（**绑定**）选项。单击 **Bind**（**绑定**）选项，会显示一个新的下拉菜单，其中显示了新创建的 MyCharacter 变量。将鼠标指针移到它上面，可以看到之前创建的 **GetPlayerHealthPercentage** 函数（见下图）。

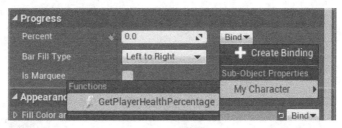

单击 **GetPlayerHealthPercentage** 函数，就会将角色的生命百分比值绑定到进度条上了。

如果在 **Bind**（绑定）下拉列表中没有看到你的角色变量，请确保已经编译了控件蓝图。

8.2 将 HUD 分配给角色

既然我们已经完成了 HUD 的创建，就该将它分配给角色了。暂时关闭 **Widget Blueprint**（控件蓝图），打开 **ThirdPersonCharacter** 蓝图。

在 **Character Blueprint**（角色蓝图）中，打开 **Event Graph**（事件图表）并执行以下操作。

（1）右击 Event Graph，从弹出的上下文菜单中搜索 **Event BeginPlay** 并选择它。

（2）从 **Event BeginPlay** 的执行引脚拖动一条线并释放鼠标按钮。从弹出的上下文菜单中，搜索 **Create Widget** 并选择它。

（3）在 **Create My UMG HUD Widget** 节点的 Class 引脚中选择 **MyUMG_HUD**。

（4）从 **Create My UMG HUD Widget** 节点的 **Return Value** 引脚中拖动新的线并释放鼠标按钮。从弹出的上下文菜单中，搜索 **Set My Character** 并选择它。

（5）右击图表编辑器并搜索 self，选择 **Get a reference to self**，将此节点连接到 **My Character** 引脚。

（6）再次从 **Create My UMG HUD Widget** 节点的 **Return Value** 引脚上拖动一条线并搜索 **Add to Viewport**。

（7）将 **Set My Character** 节点的输出执行引脚连接到 **Add to Viewport** 的输入执行引脚。

最终结果如下图所示。

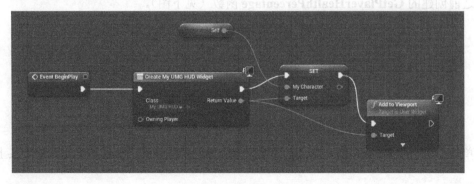

现在开始玩游戏，你会看到完全填满的生命条（见下图）。

 如果生命条仍为空，请确保将 **GetHealthPercentage** 的输出名称设置给 **ReturnValue**。

为了测试它，可以创建一个名为 **DecrementHealth** 的新函数并创建函数图表（见下图）。

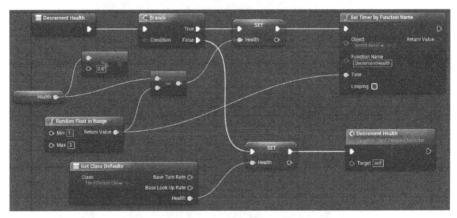

接着，从 **My Blueprint**（**我的蓝图**）选项卡中拖放此函数，在 **Add to Viewport** 节点后连接它。现在，开始玩游戏，你会发现玩家的生命值随机下降。

8.3　创建浮动生命条

本节将介绍如何在角色头部上方创建浮动生命条。回到 **Content Browser**（内容浏览器），创建一个新的 **Widget Blueprint**（**控件蓝图**）（在这个例子中，将它命名为 **MyFloatingHealthbar**）并打开它。

在 **Designer**（**设计师**）选项卡中，在 Visual Designer 的右上角可以看到一个名为 **Fill Screen** 的选项。单击它并将它更改为 **Custom**（见下图）。

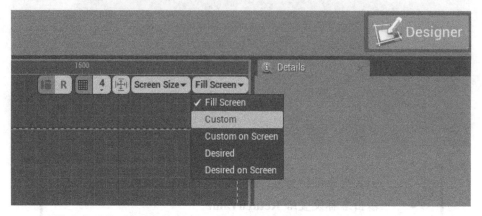

Custom 模式允许指定控件的宽度和高度。将宽度与高度分别设置为 256cm 和 32cm。现在，将新的 Progress Bar 拖放到 Visual Designer 中并使用下图所示设置。

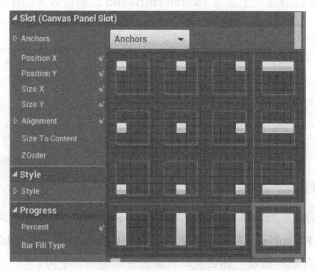

将锚点设置为最后一个锚点（这是填充锚点）。锚点帮助控件在不同的屏幕尺寸下都保持其位置，避免控件被剪掉。除填充锚点之外，还有其他预设锚点，例如，填充底部左侧，填充右侧，填充底部区域，填充顶部区域，填充左上角，填充中心，填充右角等。根据控件的位置，选择期望的锚点，并且在游戏中控件将根据锚点保持其位置。

在此示例中，由于我们将锚点设置为填充，因此位置 *X* 与 *Y* 以及尺寸 *X* 与 *Y* 分别设置为 **Offset Left**、**Top**、**Right** 和 **Bottom**。将 **Offset Right** 和 **Bottom** 均改为 0.0。现在，Progress Bar 将拉伸到 Visual Designer 中合适的宽度和高度。

现在，创建一个名为 **My Character** 的新变量，把其类型设置为 **ThirdPersonCharacter Blueprint**，并将 **Percent** 值绑定到角色的 **GetHealthPercentage** 函数。这与对 HUD 控件执行的操作完全相同。

设置 Percent 值后，暂时关闭 **Widget Blueprint**（**控件蓝图**），打开 **ThirdPersonCharacter** 蓝图。切换到 **Viewport**（视口）选项卡，单击 **Components**（组件）选项卡中的+**Add Component**（添加组件）按钮并选择 **Widget** 组件（见下图）。

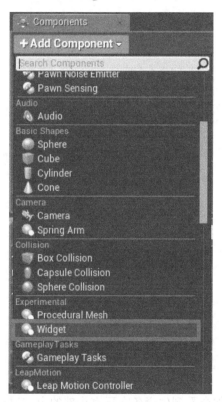

选择 Widget 组件后，会把这个控件组件添加到玩家中。首先，选择新添加的 **Widget** 组件，在 **Details**（细节）面板中，将 **Draw Size** 设置为 **MyFloatingHealthbar** 的大小，即 256cm 和 32cm。然后，将 **Widget Class** 设置为 **MyFloatingHealthbar** 类，将 **Space** 设置为 **Screen**。最后，移动 **Widget** 到你想要的位置。在这个例子中，将该组件放置在玩家头部的上方。

请参考下图。

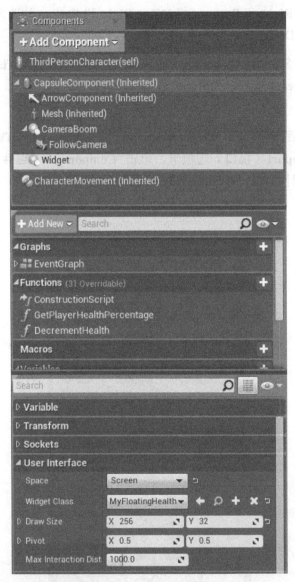

如果现在开始游戏，你会看到生命条在玩家头部的上方浮动，但它是空的。这是因为没有将 **My Character** 赋给浮动生命条。要使生命条生效，需要执行以下操作。

（1）切换到 **Construction Script** 选项卡。

（2）右击 **Construction Script** 选项卡的任意位置，搜索 **Get Widget** 并选择它。

（3）从刚刚创建的 **Widget** 节点拖出一条线，搜索 **Get User Widget Object** 并选择它。

（4）从 **Get User Widget Object** 的 Return Value 引脚拖出一条线，搜索 **Cast to MyFloating-Healthbar** 并选择它。

（5）将 **Construction Script** 的输出执行引脚连接到新创建的 **Cast** 节点。

（6）从输出引脚（如 **My Floating Healthbar**）拖出一条线，搜索 **Set My Character** 并选择它。

（7）将 **Cast** 节点中未命名的输出执行引脚连接到 **Set My Character** 节点。

（8）右击图表编辑器，搜索 self，选择 **Get an reference to self**，将此节点连接到 **My Character** 引脚。

现在单击 Play 按钮，将看到角色的生命条浮动在玩家头上（见下图）。

8.4　小结

UMG 可用于创建各种 UI 效果。从本章开始，可以通过在浮动生命条旁边添加一个玩家肖像来扩展它，或者为角色提供武器并显示该武器的弹药数量等。还可以将 Widget 组件添加到游戏中的其他 Actor（例如，宝箱）上，以显示有关该 Actor 的信息。请记住，在 **Visual Designer**（设计师）区域中布置 UI 只是一个开始。要使 UI 好看，必须通过更改控件的样式来修改外观。

Unreal Engine 4 中的粒子是使用级联粒子编辑器创建的，级联粒子编辑器是一个既强大又鲁棒的编辑器，允许艺术家创建视觉效果。级联编辑器允许添加和编辑构成最终效果的各种模块。粒子编辑器的主要工作是控制粒子系统本身的行为，而外观通常由材质控制。

本章将介绍级联粒子编辑器以及如何创建简单的粒子系统。

9.1 级联粒子编辑器

要访问级联粒子编辑器，需要在 **Content Browser**（**内容浏览器**）中创建一个 **Particle System**（**粒子系统**），方法是右击 **Content Browser**（**内容浏览器**），选择 **Particle System**（**粒子系统**）。选择后，将创建一个新的粒子系统，系统会提示你重命名它。重命名并双击，以打开级联粒子编辑器。

打开粒子系统后，将看到级联编辑器用户界面（见下图）。

级联粒子编辑器由 5 个主要区域组成，它们的功能分别如下。

- **Toolbar**（工具栏）：包含可视化工具和导航工具。

- **Viewport**（视口）选项卡：显示当前粒子系统。

- **Details**（细节）面板：允许编辑当前粒子系统、粒子发射器或粒子模块的属性。

- **Emitters**（发射器）面板：这些发射器是实际的粒子发射器，包含与发射器关联的模块。

- **Curve Editor**（曲线编辑器）：该编辑器显示基于相对时间或绝对时间修改的任意属性。

9.1.1　工具栏

工具栏包含各种按钮。这些按钮的功能分别如下。

- **Save**（保存）：保存粒子系统。

- **Find in CB**（浏览）：在内容浏览器中查找当前粒子系统。

- **Restart Sim**（重新开始模拟）：重新启动（重置）当前的模拟。

- **Restart Level**（重新开始关卡）：这与重新开始模拟相同，但也会更新放置在关卡中的所有实例。

- **Thumbnail**（缩略图）：将视口视图另存为缩略图，以便在内容浏览器中表示该粒子系统。

- **Bounds**（边界）：启用或禁用渲染粒子边界。

- **Origin Axis**（原始轴）：在视口中显示原始轴。

- 第一个 **Regen LOD**（重新生成 **LOD**）：通过复制最高细节层级（Level of Details，LOD）来重新生成最低 LOD。

- 第二个 **Regen LOD**（重新生成 **LOD**）：使用最高 LOD 值的预设百分比重新生成最低 LOD。

- **Lowest LOD**（最低级 **LOD**）：切换到最低级 LOD。

- **Lower LOD**（较低级 **LOD**）：切换到下一个较低级 LOD。

- 第一个 **Add LOD**（添加 **LOD**）：在当前加载的 LOD 前面添加新 LOD。

- 第二个 **Add LOD**（添加 **LOD**）：在当前加载的 LOD 后面添加新 LOD。

- **Higher LOD**（更高级 **LOD**）：选择更高级的 LOD。

- **Highest LOD**（最高级 **LOD**）：选择最高级 LOD。

- **Delete LOD**（删除 **LOD**）：删除当前加载的 LOD。

LOD 是更新粒子特效的方法，用于根据玩家距离高效利用屏幕空间。根据效果，如果玩家距离很远，则粒子系统的一些方面将会变得十分小而无须进行渲染；如果玩家距离较远，则粒子系统仍然会处理并计算我们不需要的这些效果（这时 LOD 就可以大显身手了）。**LOD** 可以关闭某个模块，甚至可以根据玩家距离关闭发射器。

9.1.2　Viewport 选项卡

Viewport 选项卡显示对粒子系统所进行的更改以及其他信息，如总粒子数和边界等。在左上角，单击 **View**（视图）按钮可在各种视图模式之间进行切换，如 **Unlit**（无光照）、**Texture Density**（纹理密度）和 **Wireframe mode**（线框视图模式）等。

导航

使用以下鼠标按钮在 Viewport 选项卡内进行浏览。

- **鼠标左键**：围绕粒子系统反转相机。

- **鼠标中键**：平移相机。

- **鼠标右键**：旋转相机。

- **Alt** +**鼠标左键**：环绕粒子系统。

- **Alt** +**鼠标右键**：将相机靠近和远离粒子系统。

- **F**：聚焦粒子系统。

- **L** +**鼠标左键**：旋转光照，仅对使用 **Lit**（光照）材质的粒子有效。在**无光照**（**Unlit**）粒子上将看不到任何效果。

在 **Viewport**（视口）选项卡内，可以播放/暂停粒子模拟以及调整模拟速度。可以在 **Viewport**（视口）选项卡中的 **Time**（时间）选项下查看这些设置（见下图）。

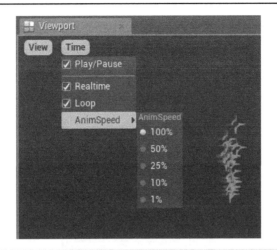

9.1.3 Details 面板

Details（细节）面板显示的属性取决于当前选择的模块或发射器。粒子系统的主要属性可以通过如下方式访问，在 **Emitters**（发射器）面板中不选择任何内容，或右击 **Emitters**（发射器）列表并选择 **Particle System**（粒子系统）→**Select Particle System**（选择粒子系统），如下图所示。

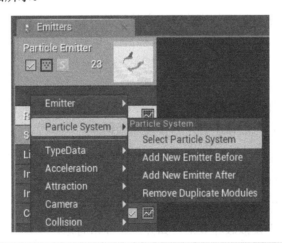

9.1.4 Emitters 面板

Emitters（发射器）面板是粒子系统的核心，水平排列了当前粒子系统中的所有发射器。在每个发射器列中，可以添加不同的模块以更改粒子的外观。可以根据需要添加任意数量的发射器，每个发射器处理总体效果的不同方面。

发射器包含 3 个主要区域（见下图），在发射器中可分别执行如下操作。

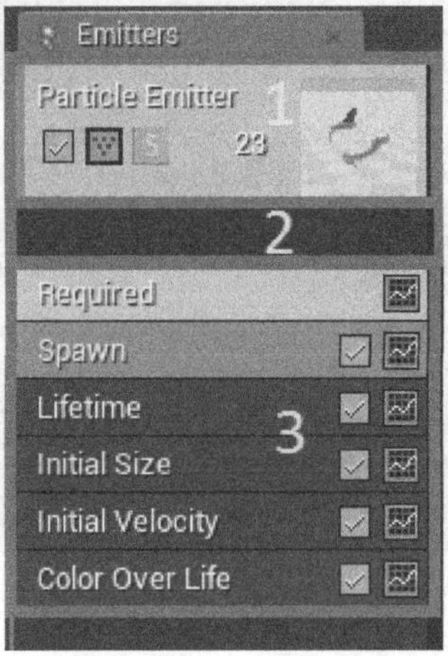

- 发射器块的顶部是发射器的主要属性，如名称、类型等。可以双击灰色区域以折叠或展开发射器列。

- 在发射器的中间，定义发射器的类型。如果将它留空（如前面的截图所示），则会在 CPU 上模拟粒子。

- 在发射器的最下方，添加模块以定义粒子的外观。

发射器类型

级联编辑器有如下 4 种不同的发射器类型。

- **Beam 类型**：当使用此类型时，粒子将输出连接两个点的光束。也就是说，必须定义源点（例如，发射器本身）和目标点（例如，Actor）。

- **GPU Sprite**：使用此类型可以在 GPU 上模拟粒子。使用此发射器可以有效地模拟和渲染数千个粒子。

- **Mesh 类型**：当使用此类型时，粒子将使用实际的**静态网格（Static Mesh）**实例作为粒子。这对于模拟破坏效果（如碎片）非常有用。

- **Ribbon**：此类型表示粒子应该像轨迹一样。这意味着所有颗粒（按其产生顺序）彼此连接以形成飘带。

9.1.5 Curve Editor

Curve Editor 是标准的曲线编辑器，它允许用户调节粒子生命周期或发射器生命周期中需要变化的任意值。要了解有关曲线编辑器的更多信息，请查看 Unreal Engine 4 Document 网站上的官方文档。

9.2 创建简单粒子系统

要创建粒子系统，具体步骤如下。

（1）右击 **Content Browser**（内容浏览器）。

（2）从上下文菜单中选择 **Particle System**（粒子系统）。

（3）在 **Content Browser**（内容浏览器）中创建新的粒子系统资源，并重命名它。

（4）在这个例子中，将粒子系统命名为 **MyExampleParticleSystem**。

（5）双击它打开粒子编辑器。

默认情况下，Unreal Engine 会创建一个默认的发射器，供你使用。此发射器包含 6 个模块，它们分别如下。

- **Required**：它包含发射器所需的所有属性，例如，用于渲染的材质，发射器在循环之前应运行多长时间，此发射器是否可以循环等。无法删除此模块。

- **Spawn**：此模块包含决定粒子如何生成的属性，例如，每秒产生的粒子数。无法删除此模块。

- **Lifetime**：所生成粒子的寿命。

- **Initial Size**：设置粒子生成时的初始大小。要在粒子生成后修改大小，请使用 **Size by Life** 或 **Size by Speed**。

- **Initial Velocity**：设置粒子生成时的初始速度。要在粒子生成后修改速度，请使用 **Velocity/Life**。

- **Color Over Life**：设置粒子在其生命周期内的颜色。

在这个例子中，修改现有的发射器，使它成为看起来像火花的 GPU 粒子系统。之后，还将添加碰撞，以便粒子在游戏世界中发生碰撞。

9.2.1 创建简单材质

在开始处理粒子之前，需要创建一个可以应用于粒子的简单材质。创建新材质的步骤如下。

（1）右击 **Content Browser**（**内容浏览器**），选择 **Material**（**材质**）并命名它。

（2）打开 **Material**（**材质**）编辑器，将 **Blend Mode** 改为 **Translucent**。这是必需的，因为 GPU 粒子碰撞不适用于不透明材质。

（3）将 **Shading Model** 改为 **Unlit**。这是因为我们不希望火花受到任何光照的影响，火花是自发光的。

（4）创建一个图表，如下图所示。

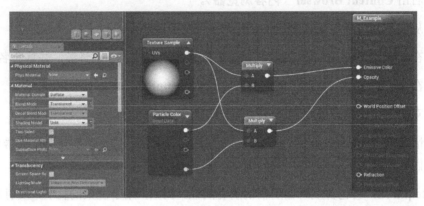

 Texture Sample 节点中的圆形渐变纹理来自引擎本身，名为 **Greyscale**。

既然有了材质，就该定制粒子系统了。

（1）选择 **Required** 模块，在 **Emitters**（**发射器**）组下应用上一步中创建的材质。

（2）右击发射器下方的黑色区域，在 **TypeData**（**类型数据**）下选择 **New GPU Sprites**（**新建 GPU Sprites**），如下图所示。这将使发射器在 GPU 上模拟粒子。

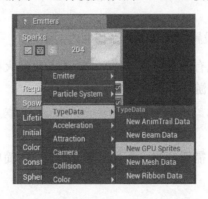

（3）选择 **Spawn** 模块，在 **Spawn** 组下，将 **Rate** 设置为 0。这是因为不是每秒产生一定数量的粒子，而是在一帧中产生数百个粒子。

（4）在 **Burst** 组下，在 **Burst List** 中添加一个新条目，并将 **Count** 设置为 **100**，将 **Count Low** 设置为 **10**。这将选择 **100～10** 的随机值，并产生这些数量的粒子。

最终的 **Spawn** 设置如下图所示。

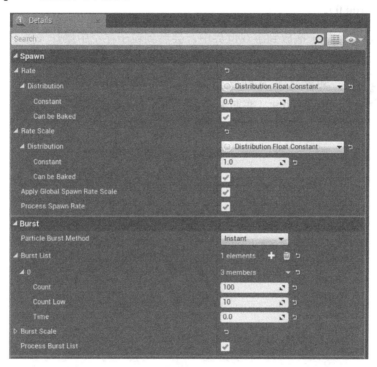

（5）调整 **Spawn** 的设置后，将粒子的 **Lifetime** 上下限分别设置为 3.0 和 0.4（单位是秒），因此每个生成的粒子的寿命介于 0.4～3.0s。既然已经生成了粒子，就要调整它们的大小。为此，选择 **Initial Size** 模块，将 **Max** 设置为（**1.0, 10.0, 0.0**），将 **Min** 设置为（**0.5, 8.0, 0.0**），如下图所示。

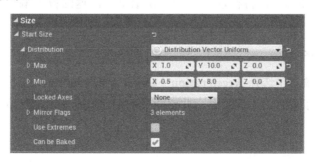

由于 GPU Sprites 是 2D 的，因此可以忽略 **Z** 值。这就是将它们设置为 0.0 的原因。

（6）选择 **Initial Velocity** 模块，将 **Max** 设置为（**100.0, 200.0, 200.0**），将 **Min** 设置为（**−100.0, −10.0, 100.0**）。

（7）如果将这个粒子拖放到游戏世界中，会看到粒子在空中爆炸（见下图）。

 如果没有看到任何结果，请确保为编辑器启用了 **Real-Time**（实时）功能（按 Ctrl + R 快捷键）。

9.2.2　增加重力

为了使效果更加真实，将在这些粒子上模拟重力。返回粒子编辑器并按照以下步骤操作。

（1）右击模块区域。

（2）从上下文菜单中选择 **Acceleration→Const Acceleration**（见下图）。该模块将给定的加速度添加到粒子现有的加速度上，并更新当前的速度和基本的速度。

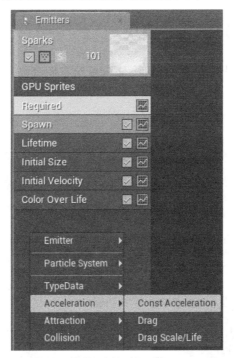

（3）对于 **Acceleration** 值，使用（**0.0, 0.0, -450.0**）。负的 **Z** 值（即**-450**）会将使粒子下降，就好像它们受到重力的影响一样。

 默认重力值是**-980.0**，也可以尝试此值。

现在，看一下游戏世界中的粒子，可以看到它们像受到重力影响一样往下降落（见下图）。

9.2.3 应用 Color Over Life 模块

既然我们已经有了像火花一样的东西，下面就给它们着色。选择 Color Over Life 模块，应用下图所示的设置。

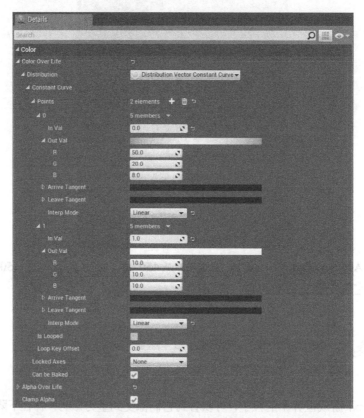

Color Over Life 表示一条曲线上的值，这意味着可以定义在粒子生命周期中的某个点应用的颜色。0.0 代表开始，1.0 代表结束。在上图中，可以看到在粒子产生时（**In Val = 0.0**）应用了鲜红橙色（**50.0, 20.0, 8.0**），在结束时（**In Val = 1.0**）应用了亮白色。

9.2.4 添加碰撞模块

为了完成这个效果，添加 **Collision** 模块，以便粒子将在游戏世界中发生碰撞。为了添加 **Collision** 模块，需要执行以下操作。

（1）右击模块区域，从 **Collision** 菜单中选择 **Collision** 命令。

（2）选择 **Collision** 模块。

（3）将 **Resilience** 值设置为 **0.25**，这将使碰撞的粒子弹性降低。更高的 Resilience 值表示更有弹性的粒子。

（4）将 **Friction** 设置为 **0.2**，这将使粒子粘在地上。较高的 Friction 值（1.0）不会让粒子在碰撞后移动，而较低的值会使粒子沿着表面滑动。

现在，如果在游戏世界中应用这个粒子模拟或玩游戏，可以看到它爆炸并在游戏世界中发生碰撞，但这非常不真实。很容易发现粒子每秒不断重复。因此，为了防止这种情况，可执行以下操作。

（1）打开粒子编辑器。

（2）选择 **Required** 模块。

（3）在 **Duration** 设置下，将 **Emitter Loops** 设置为 **1**（见下图）。其默认值是 **0**，表示无限循环。

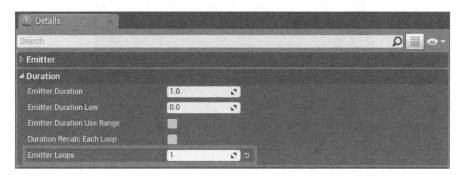

9.3　在蓝图中播放粒子

既然粒子效果已准备就绪，就可以使用蓝图进行播放了。

（1）右击 **Content Browser**（内容浏览器）。

（2）选择 **Blueprint**（蓝图）类。

（3）从弹出窗口中选择 **Actor**。

（4）双击这个蓝图打开编辑器。

（5）在 **Content Browser**（内容浏览器）中选择爆炸的粒子。

（6）打开蓝图编辑器，添加一个新的 **Particle System Component**（粒子系统组件）。

如果在 **Content Browser**（内容浏览器）中选择了粒子，那么会自动将该粒子设置为粒子系统组件的模板。

（7）选择 **Event Graph**（事件图表）选项卡。

（8）右击图表上的任意位置，从 **Add Event**（添加事件）类别中选择 **Add Custom Event**（添加自定义事件），如下图所示。

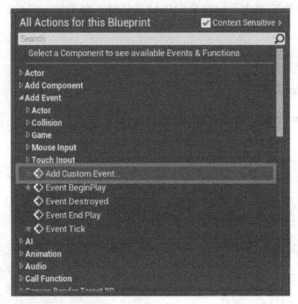

（9）使用你喜欢的名称重命名 **Custom Event**。在这个例子中，将它重命名为 **ActivateParticle**。

（10）创建函数图表（见下图）。

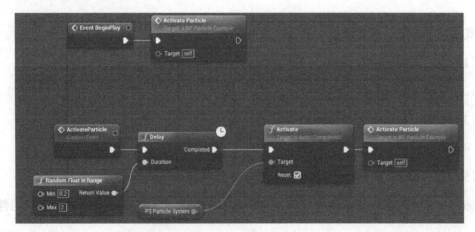

该蓝图将在开始游戏时和执行事件时首先执行 **ActivateParticle**，随机选择 0.2～2 的时间（以秒为单位）。当时间用完时，激活粒子并再次调用此事件。

现在，如果将此粒子拖放到游戏世界中并开始播放，将看到粒子随机爆炸（见下图）。

9.4 小结

从本章开始，可以扩展粒子并添加一些光照，使它看起来更真实。注意，由于 **Light**（光照）模块不能与 GPU 粒子一起使用，因此需要创建另一个发射器并在那里添加一个光照模块。因为已经了解了 GPU 粒子的数据类型，所以可以添加更多使用其他数据类型（如 Beam 类型、Mesh 类型、Ribbon 类型等）的发射器。根据在本章和其他章中学到的内容，创建一个蓝图，其中包含一个光照网格，当该网络受到伤害时产生这种火花粒子效果。

下一章将深入探讨 C++。

第 10 章
在 Unreal Engine 中使用 C++

第 6 章介绍了蓝图，它是 Unreal Engine 4 的可视化脚本语言。本章介绍 C++，它可用于为蓝图创建基类。本章介绍如何创建 C++项目（使用**第三人称模板**），并对它进行修改以进一步支持角色的生命和生命恢复系统，还将介绍如何向蓝图提供变量和函数。

本章重点介绍如何使用微软 Windows 中的 Visual Studio 2015 编写 C++代码。

10.1　设置 Visual Studio 2015

当使用 Unreal Engine 4.10 时，需要使用 Visual Studio 2015 为项目编译 C++代码。Visual Studio 有 3 个版本，分别如下。

- 社区版（**Community edition**）：任何个人和非企业组织都可以免费使用，最多有 5 个用户。本书使用这个版本。

- 专业版（**Professional edition**）：这是一个付费版本，对于小型团队很有用。

- 企业版（**Enterprise edition**）：适用于从事任何规模和复杂项目的大型团队。

可以从 visualstudio 网站下载 Visual Studio 2015 社区版。

访问上述网站，选择 **Community**（社区）**2015** 并选择要下载的格式。[①]可以下载 Web 安装程序或脱机安装程序。要下载脱机安装程序，请选择 **ISO** 格式。

---

① 现在，Visual Studio 已更新至 2017 版本，请下载 Visual Studio 2017，以下的安装和设置步骤是类似的。——译者注

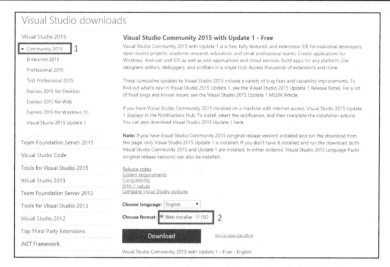

下载安装程序后，双击 **vs_community.exe** 运行安装程序并安装 Visual Studio 2015。

在安装 Visual Studio 2015 软件之前，如下图所示，请确保在 **Programming Languages** 部分下选择了 **Visual C++**。Visual C++需要与 Unreal Engine 4 一起使用。

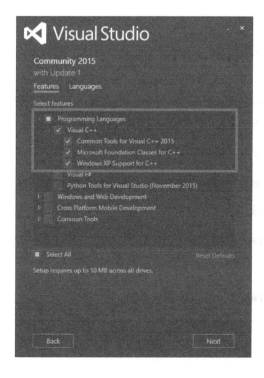

安装完成后，安装程序将提示你重新启动计算机。这样做有助于在 Unreal Engine 4 中使用 C++。

工作流程改进

Visual Studio 2015 中一些推荐的设置可与 Unreal Engine 4 配合使用，从而改善开发人员的整体用户体验。其中一些设置如下。

- 关闭 **Show Inactive Blocks**（显示非活动块）。如果不这样做，许多代码块可能会在文本编辑器中显示为灰色。（在菜单栏中选择 **Tools**（工具）→**Options**（选项）→**Text Editor**（文本编辑器）→**C/C++**→**View**（查看）。）

- 将 **Disable External Dependencies Folders**（禁用外部依赖性文件夹）设置为 **True**可以隐藏 **Solution Explorer**（解决方案资源管理器）中不需要的文件夹。（在菜单栏中选择 **Tools**（工具）→**Options**（选项）→**Text Editor**（文本编辑器）→**C/C++**→**Advanced**（高级）。）

- 关闭 **Edit & Continue**（编辑并继续）功能。（在菜单栏中选择 **Tools**（工具）→**Options**（选项）→**Debugging**（调试）→**Edit**（编辑）。）

- 打开 **IntelliSense**。

10.2 创建 C++项目

既然已经安装了 Visual Studio，就创建一个包含 C++代码的项目。在这个项目中，将扩展 Unreal Engine 4 附带的第三人称模板，添加对生命（包括恢复生命系统）的支持。

启动 Unreal Engine 4，当出现项目浏览器对话框时，执行以下操作。

（1）选择 **New Project**（新建项目）选项卡（见下图）。

（2）选择 **C++**子选项卡。

（3）选择 **Third Person**（第三人称）。

（4）为项目命名。

（5）单击 **Create Project**（创建项目）按钮。

当单击 **Create Project**（创建项目）按钮时，Unreal Engine 4 将创建项目需要的所有基类，并编译项目。这可能需要 1min 左右。完成此操作后，项目的解决方案文件（Visual Studio 文件）将随项目一起自动打开。

打开项目后，可能会注意到的一个主要变化是 **Toolbar**（工具栏）上显示了一个新的 **Compile**（编译）按钮（见下图）。仅当项目是代码项目时才会出现 **Compile**（编译）按钮。

这用于重新编译修改的代码并即时重载代码，即使在玩游戏时也能重载。该系统称为 **热加载**（**Hot Reloading**）系统。作为程序员，会经常使用此功能。

角色类

在这个项目中，有一个角色类和一个可用的游戏模式类。我们快速看看角色类是如何构建的。

大体上，这里的文件有源文件（扩展名为.cpp）和头文件（扩展名为.h）两类。简而言之，头文件包含所有声明，源文件包含这些声明的定义。要访问另一个文件中的特定方法（或函数），请使用#include ExampleHeader.h，这样就可以访问该头文件中声明的所有函数。

访问另一个头文件的声明基于访问说明符。本章后面会详细介绍它们。

要从 Unreal Engine 4 打开源文件（.cpp）和头文件（.h），需要执行以下操作。

（1）打开 **Content Browser**（内容浏览器）。

（2）选择 **C++ Classes**（C++类）。

（3）选择项目名称文件夹。

（4）双击角色类。

这将在 Visual Studio 中打开源文件（.cpp）和头文件（.h）。下图显示了角色类的头文件。

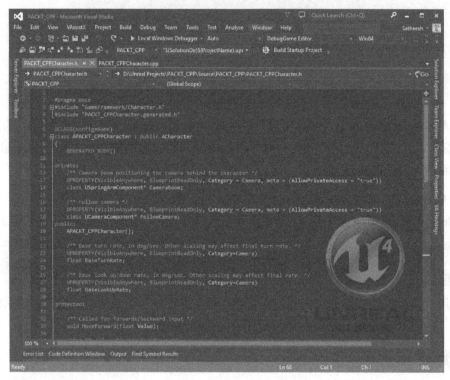

下面逐行分析该文件。

- #pragma once：任何以＃号开头的行都称为预处理程序指令。可以将预处理程序指令视为编译器在编译真正代码之前运行的指令。预处理程序指令以＃符号开头，通常以换行结束。可以使用反斜杠（\）实现换行。在该文件中，#pragma once是一个预处理程序，它用于保证同一个文件不会多次包含。#pragma once 称为头文件保护符。

- #include：在此文件中，我们看到两个包含文件。一个是 GameFramework 文件夹中的 Character.h（位于 UE4 目录中），另一个是文件 generated.h。

    ➢ Character.h：包含此文件是因为角色类继承了 UE4 中附带的 ACharacter 类。访问 Character 类中的所有声明都需要该包含文件。

> ➤ generated.h：这是由**虚幻头文件工具**（**Unreal Header Tool**，**UHT**）自动生成的。只要声明了 USTRUCT()或 UCLASS()宏，就会生成 generated.h 文件。generated.h 文件包含头文件中类型声明的详细信息。该文件应该是头文件中最后一个包含的文件。

- Macros（宏）：宏也是预处理程序指令，以#define 开头。在编译之前，编译器会在使用此宏的位置复制并粘贴实际值。例如，如果创建宏#define MyMacro 3.14，那么 3.14 将被复制并粘贴到使用 **MyMacro** 的所有地方。

- UCLASS(config = game)：这是一个虚幻宏，使编辑器能够识别新类。在括号内，可以指定类说明符和元数据。在这个示例中，指定配置说明符，它表示允许此类在给定的配置文件中存储数据。在这种情况下，配置文件的名称将是 YourGameNameGame.ini。

- class APACKT_CPPCharacter: public ACharacter：指示类名并显示这个类是从哪个类继承的。这个类是从 Character 类继承的。

- GENERATED_BODY()：这是一个宏，必须放在类主体的最开头。编译时，Unreal Engine 将它替换为样板代码。也就是说，在编译时之前，GENERATED_BODY() 将被实际代码替换。由于类的编译需要这段代码，因此 Epic 通过创建这个宏简化开发者的操作。

- private、public 和 protected：这些称为访问说明符。访问说明符用来标识一个方法是否可以被其他文件访问。有 3 种类型的访问说明符，分别如下。

  > ➤ private：只能访问类中的成员。在此示例中，CameraBoom 和 FollowCamera 设置为 private（私有）。这意味着只能在该类中访问它们。如果创建一个派生自该类的新类，则无法访问它们。

  > ➤ public：任意其他类都可以访问这个方法。

  > ➤ protected：该类以及从该类派生的任意类可以访问这个方法。

- UPROPERTY()：定义属性元数据和说明符。用于属性的序列化、复制和给蓝图提供属性。可以使用多个 UPROPERTY()说明符。要查看完整列表，请访问 Unreal Engine 4 Document 网站。

- void：表示这是一个不返回任何数据的函数。函数可以返回任何类型（如浮点型、整型、布尔型，甚至对象）的数据，也可以不返回数据。在这种情况下，使用 void 类型指示此方法不返回任何类型的数据。void 还可以防止在子类中重写此函数。如果要重写子类中的函数，则需要使它成为虚 void 函数。创建了虚 void 函数，意味着子类可以重写此函数，实现自己的逻辑。使用关键字 Super 可以调用父类函数。

在 Unreal Engine 中使用 C++时，了解上述内容（预处理程序、宏、访问说明符等）会有很大帮助。

另一件值得一提的是双冒号（::）、连字符箭头（->）和句点（.）。了解它们的功能以及如何使用它们至关重要。其中，常用的是连字符箭头（->）。下面看看它们的功能。

- **双冒号**（::）：使用此符号表示正在从某个命名空间或作用域访问方法。例如，如果要从其他类调用静态方法，则使用此符号。

- **连字符箭头**（->）：当指向某些可能存在或不存在于内存中的数据时，使用此箭头。使用此符号表示正在尝试访问指针。指针指向内存中的某个位置，即存储该指针指向的实际数据的位置。在访问指针之前，最好检查并确保它们有效。指针是 C++中最重要的部分之一，强烈推荐阅读 unrealengine 网站上 Nathan Iyer（Rama）的文章"Entry Level Guide to UE4 C++"。

- **句号**（.）：用于访问数据本身，例如使用它访问结构内的数据。

添加生命系统

既然我们了解了 Character 类，下面就开始修改角色，以添加对生命和生命恢复系统的支持。在开始之前，快速弄清楚将要做的事情。在这个系统中，执行以下操作。

（1）创建一个 float 变量，用于在游戏开始时存储玩家的当前生命值。当初始化玩家时，确保玩家的生命值最大。

（2）重写 Actor 类的默认函数 TakeDamage()。

（3）当玩家受到伤害时，首先计算造成伤害的数值并从生命值中减去该数值，然后启动一个计时器，执行一个恢复生命的事件。

1）创建生命变量

下面开始操作。打开角色源文件，在私有访问说明符下添加以下代码。

```
UPROPERTY( EditAnywhere, BlueprintReadWrite, Category = "My
Character", meta = (AllowPrivateAccess = "true") )
float Health;
```

这里声明了一个数据类型为 float 的变量 Health。为该 float 变量添加了 UPROPERTY，并添加了说明符 EditAnywhere、BlueprintReadWrite 和 Category。EditAnywhere 说明符允许你在 **Details**（细节）面板中编辑此属性。BlueprintReadWrite 允许你在蓝图中获取或设置这个值。Category 中的名称将显示在 **Details**（细节）面板中。如果编译并启动游戏，查看 **ThirdPersonCharacter** 蓝图的 **Details**（细节）面板（在 **ThirdPersonCPP/Blueprints** 中），将看到这个新属性。

如下图所示，0.0 对 Health 没有意义。

下面要做的是打开角色类的源文件，在 constructor 类的下面输入如下代码。

```
Health = 100.f; // .f is optional. If it's confusing you can replace
it with 100.0
```

constructor 类通常是源文件中的第一个定义。它看起来是 YourClassName:: YourClassName()。

　　前面带有双斜杠（//）的行是注释，编译器会忽略它。

constructor 类基本上是设置类默认值的地方。在这个例子中，我们希望玩家的生命值默认是 100。

现在，如果单击 Unreal Engine 编辑器中的 **Compile**（编译）按钮，编辑器将编译这个更改，在完成后会进行热加载。编译完成后，可以看到新的值（即 100）作为 Health 的默认值。

2）受到伤害

既然已经设置了生命值，就可以访问它并在 character 类中进行更改。现在需要在玩家受到伤害时更新这个值。由于这里的角色是一个 Actor 类，因此可以使用 TakeDamage()函数更新生命值。为此，请将以下代码添加到 character 头文件中。

```
virtual float TakeDamage( float Damage, struct FDamageEvent const&
DamageEvent, AController* EventInstigator, AActor* DamageCauser )
override;
```

 TakeDamage 是一个已经存在于 Actor 类中的虚函数。因此，要在虚函数中自定义逻辑时，请确保包含 override 关键字。这样就告诉了编译器在父类中查找此函数的定义。如果无法找到基类的定义或基类的定义改变了，编译器将抛出错误。请记住，如果没有 override 关键字，编译器会将它视为一个新定义。

函数 TakeDamage 接受一些参数并返回一个浮点值，即实际伤害值。在这个函数中，首先检查生命值是否大于 0。如果大于 0，则通过 Damage 值减少 Health 值；如果不大于 0，则直接返回 0。

```
float APACKT_CPPCharacter::TakeDamage(float Damage, struct
FDamageEvent const& DamageEvent, AController* EventInstigator, AActor*
DamageCauser)
{
 // Super key word is used here to call the actual TakeDamage function
 from the parent class which returns a float value.We then assign this
 value to ActualDamage which is a float type.
 const float ActualDamage = Super::TakeDamage(Damage, DamageEvent,
 EventInstigator, DamageCauser);
 // Check if we have health
 if (Health > 0.0)
 {
  // Reduce health by the damage received
  Health = Health - ActualDamage;
  // return the actual damage received
  return ActualDamage;
 }
 // Player has no health. So return 0.0
 return 0.0;
}
```

在上述示例中，可以看到注释的用法以及它在之后阅读代码时的帮助。函数 TakeDamage 首先调用父类函数，返回实际伤害值。这里将这个值保存在名为 ActualDamage 的局部变量中。然后检查 Health 是否大于 0.0。如果大于 0.0，那么 Health 减去浮点变量 ActualDamage 的值，并返回结果。无论何时重写虚函数和实现自定义逻辑，都可以使用 Super::FunctionName()继承父类的基本功能。由于 TakeDamage()是需要重写的虚函数，因此使用 Super::TakeDamage()调用父类中定义的实际函数，该函数执行伤害 Actor 的逻辑。

3）恢复生命

既然角色可以受到伤害了，就进一步修改这个系统，以增加恢复生命的功能。生命恢复系统将基于浮点变量恢复生命，该浮点变量默认设置为每秒恢复 1.0 的生命值。由于蓝图编辑器中具有这些设置，因此可以稍后更改它们，而无须再次编译游戏。

我们快速浏览一下生命恢复系统。

- 使用计时器恢复生命。

- 当玩家受到伤害时，清除此计时器。

- 受到伤害后，将计时器设置为在 2s 后重新启动。计时器将调用恢复生命的自定义函数。

- 当计时器结束时，调用自定义事件，使生命值增加 1。此计时器持续运行，直到玩家达到最大生命值。

因此需要做的第一件事是声明 TimerHandle，这有助于识别具有相同方法的定时器。要声明 TimerHandle，打开 character 头文件并在 GENERATED_BODY()下面添加以下代码。

```
FTimerHandle TimerHandle_HealthRegen;
```

 可以为 TimerHandle 取任意名字。这里，在 HealthRegen 之前使用 TimerHandle_是可选的。

由于现在知道我们将使用计时器，因此下面将添加两个新的 float 变量，这两个变量将作为激活 RegenerateHealth 函数的时间。

- 将第一个浮点变量命名为 InitialDelay，它用于受到伤害后调用 RegenerateHealth。将其默认值设置为 2。

- 将第二个浮点变量命名为 RegenDelay。当从 TakeDamage 函数开始重新生成时，使用此 RegenDelay 时间再次调用 RegenerateHealth 函数。将其默认值设置为 0.5。

这两个变量的定义如下。

```
/* After taking damage, Regenerate Health will be called after this
much seconds. */
UPROPERTY( EditAnywhere, Category = "My Character" )
float InitialDelay;

/* Time to regenerate health. */
UPROPERTY( EditAnywhere, Category = "My Character" )
float RegenDelay;
```

还将添加一个名为 RegenerateAmount 的新属性，并将它提供给蓝图编辑器。

```
UPROPERTY( EditAnywhere, BlueprintReadWrite, Category = "My
Character", meta = (AllowPrivateAccess = "true") )
float RegenerateAmount;
```

在 RegenerateAmount 变量中，可以看到名为 AllowPrivateAccess 的元说明符。如果要在私有访问说明符下使用一个变量，但在蓝图（BlueprintReadOnly 或 BlueprintReadWrite）中也需要它，就使用这个元说明符。如果没有 AllowPrivateAccess，那么在私有访问说明符下的变量上使用 BlueprintReadWrite 或 BlueprintReadOnly 时，编译器将抛出错误。最后，将添加一个名为 RegenerateHealth 的新函数，如下所示。

```
void RegenerateHealth();
```

目前，我们已完成头文件。打开 character 源文件并在类构造函数内部（记住，类构造函数是 YourClassName :: YourClassName()），将 RegenerateAmount 的默认值设置为 1.0。

 构造类不是蓝图中的构造脚本。如果要在 C++中使用构造脚本行为，则需要重写 OnConstruction 方法。

将 RegenerateHealth 函数添加到源文件中，如下所示。

```
void APACKT_CPPCharacter::RegenerateHealth()
{
}
```

在这个函数中，编写代码将 RegenerateAmount 值添加到现在的 Health 中，按照如下代码进行修改。

```
void APACKT_CPPCharacter::RegenerateHealth()
{
    if (Health >= GetClass()->GetDefaultObject<ABaseCharacter>()-
>Health)
    {
        Health = GetClass()->GetDefaultObject<ABaseCharacter>()-
>Health;
    }
    else
    {
        Health += RegenerateAmount;
        FTimerHandle TimerHandle_ReRunRegenerateHealth;
        GetWorldTimerManager().SetTimer( TimerHandle_
ReRunRegenerateHealth, this, &APACKT_CPPCharacter::RegenerateHealth,
RegenDelay );
    }
}
```

现在，分析一下代码。在这个函数中做的第一件事是检查 Health 是否大于或等于默认的 Health 值。如果满足判断条件，只需要将生命值设置为默认值（这是构造函数中设置的值）。如果不满足判断条件，将 RegenerateAmount 添加到现在的生命值中，并使用计时器重新运行该函数。

最后，修改 TakeDamage 函数以添加 HealthRegeneration。

```
float APACKT_CPPCharacter::TakeDamage( float Damage, struct
FDamageEvent const& DamageEvent, AController* EventInstigator, AActor*
DamageCauser )
{
// Get the actual damage applied
 const float ActualDamage = Super::TakeDamage(Damage, DamageEvent,
EventInstigator, DamageCauser);

 if (Health <= 0.0)
 {
  // Player has no health. So return 0.0
  return 0.0;
 }
```

```
 // Reduce health by the damage received
 Health = Health - ActualDamage;

 //Is the health reduced to 0 for the first time?
 if (Health <= 0.0)
 {
 // Clear existing timer
 GetWorldTimerManager().ClearTimer(TimerHandle_HealthRegen);
 return 0.0;
 }


 // Set a timer to call Regenerate Health function, if it is not
running already
 if (!GetWorldTimerManager().IsTimerActive(TimerHandle_HealthRegen))
 {
 GetWorldTimerManager().SetTimer(TimerHandle_HealthRegen, this,
&APACKT_CPPCharacter::RegenerateHealth, InitialDelay);
 }

 // return the actual damage received
 return ActualDamage;
}
```

在上面的代码中，首先检查生命值是否小于或等于 0.0。如果生命值小于或等于 0.0，那么我们知道玩家没有生命了，所以直接返回 0.0；否则，减少生命值，并检查余下的生命值是否小于或等于 0。如果余下的生命值为 0，清除计时器；否则，检查生命恢复系统当前是否在运行。如果生命恢复系统没有运行，那么创建一个新的计时器来运行函数 RegenerateHealth，最后返回 ActualDamage。

10.3 从 C++ 到蓝图

现在角色类拥有了生命和生命恢复系统。当前系统的一个问题是我们还没有定义在生命值达到 0 之后，角色会做什么。在本节中，我们将创建一个在蓝图中实现的事件。当玩家的生命值达到 0 时，调用此事件。要创建这个蓝图事件，请打开 character 头文件并添加以下代码。

```
UFUNCTION(BlueprintImplementableEvent, Category = "My Character")
void PlayerHealthIsZero();
```

如你所见，添加了一个名为 PlayerHealthIsZero()的常规函数。为了使该函数在蓝图中可用，添加了一个 UFUNCTION 说明符，并在其中添加了 BlueprintImplementableEvent。这意味着 C++可以调用此函数，它将在蓝图中执行，但无法在 character 源文件中为此添加定义。相反，只需要在源文件中调用它。在这个例子中，如果玩家的生命值为 0，将在 TakeDamage 事件中调用该函数。所以按照如下代码修改 TakeDamage。

```cpp
float APACKT_CPPCharacter::TakeDamage( float Damage, struct
FDamageEvent const& DamageEvent, AController* EventInstigator, AActor*
DamageCauser )
{
// Get the actual damage applied
 const float ActualDamage = Super::TakeDamage(Damage, DamageEvent,
EventInstigator, DamageCauser);

 if (Health <= 0.0)
 {
  // Player has no health. So return 0.0
  return 0.0;
 }

 // Reduce health by the damage received
 Health = Health - ActualDamage;

 //Is the health reduced to 0 for the first time?
 if (Health <= 0.0)
 {
  // Clear existing timer
  GetWorldTimerManager().ClearTimer(TimerHandle_HealthRegen);

  // Call the BLueprint event
  PlayerHealthIsZero();

  return 0.0;
 }


 // Set a timer to call Regenerate Health function, if it is not
running already
 if (!GetWorldTimerManager().IsTimerActive(TimerHandle_HealthRegen))
 {

  GetWorldTimerManager().SetTimer(TimerHandle_HealthRegen, this,
```

```
&APACKT_CPPCharacter::RegenerateHealth, InitialDelay);
 }

// return the actual damage received
return ActualDamage; }
```

在上面的代码中，在清除 regen 计时器后会立即调用 PlayerHealthIsZero() 函数。

现在该编译和运行项目了。在 Visual Studio 中，按 F5 键编译并启动项目。加载项目后，打开角色蓝图，将在 **Details**（细节）面板中看到新变量（见下图）。

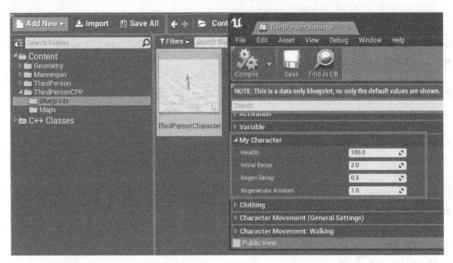

从这里，打开蓝图图表，添加 **Event Player Health Is Zero** 事件（见下图）。

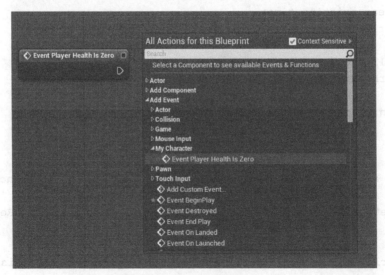

在这个事件中，可以根据逻辑编程来播放死亡动画，显示一些画面等。

10.4　小结

与实际的 C++相比，在 Unreal Engine 中更容易使用 C++。这是因为 Epic Games 的编程向导实现了许多功能，使得编写 C++代码变得有趣。可以通过为角色引入 Armor 系统、Stamina 系统等扩展本章学到的内容。通过配合使用 UMG 和蓝图，可以展示一个显示玩家生命值的 HUD，也可以在玩家生命值低于 50 时弹出小的警告。下一章将介绍如何为发布游戏打包项目。

第 11 章
打 包 项 目

本书讲述了 Unreal Engine 4 的基础知识。最后一章将回顾所有这些内容，介绍如何将项目打包成独立的游戏，还将讨论如何打包游戏以便快速发布，以及将游戏打包为发布版本。

11.1 回顾

第 1 章介绍了 Unreal Engine 版本之间的区别。正如本书所提到的，启动器版本是由 Epic 编译的二进制版本，可直接使用。但是，如果要获得启动器尚未提供的最新版本，那么唯一的选择就是从 GitHub 获取源代码。如果使用 Unreal Engine 的源代码版本，那么建议从 promoted 分支获取源代码。因为 Epic Games 在为艺术家和设计师使用的 promoted 分支努力工作，所以大多数时候每天更新 promoted 分支，你也可以得到最新的版本。如果你不嫌麻烦，或者渴望得到最新的版本，那么应该使用 master 分支。请记住，这个分支直接从 Epic Games 跟踪实时修改，它可能是错误的，甚至可能无法编译。

启动并运行引擎后，开始将资源导入 **Content Browser**（**内容浏览器**）中。可以在此处保存和编辑游戏中使用的资源。内容浏览器提供了许多功能，例如，基于关键字、标签、资源类型、过滤器等的搜索，可以使用内容浏览器中的 **Collections** 功能添加对常用资源的引用。在搜索时，可以通过在名称前添加连字符（-）来排除特定关键字。例如，如果要排除包含单词 floor 的所有资源，则可以在 **Content Browser**（**内容浏览器**）中搜索-floor。这将显示所有不包含单词 floor 的资源。

Content Browser（**内容浏览器**）的另一个重要功能是 **Developers** 文件夹。当你在团队中工作时，如果希望在游戏中尝试不同的技术或资源而不影响其他部分，则此功能尤其有用。要记住的一件事是，应该仅将此用于个人或实验性工作，绝不应该包含对此文件夹以外的外部资源的引用。例如，如果创建了一个资源并想在添加到游戏之前试一下，那么可以在 **Developers** 文件夹中创建测试关卡并测试其中的所有内容。**Developers** 文件夹就好像你自己的私人游乐场，可以在其中执行任何操作，而不会影响其他工作。**Developers** 文件夹在默认情况下是不启用的。要启用 Develops 文件夹，单击 **Content Browser**（内容浏览器）右下角的 **View Options**（视图选项），然后勾选 **Show Developers Folder**（显示开发者内容）复选框（见下图）。

启用后，将在 **Content Browser**（内容浏览器）的 **Content**（内容）文件夹下看到一个名为 **Developers** 的新文件夹（见下图）。

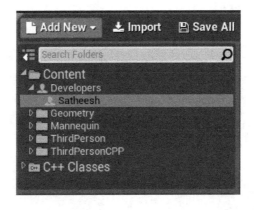

Developers 文件夹中的文件夹名称将自动设置为你的 Windows 用户名。如果使用的是

Source Control（源代码管理）（例如，Perforce 或 Subversion），则可以通过勾选 **Filters**（过滤器）→**Other Filters**（其他过滤器）下的 **Other Developers**（其他开发商）复选框来查看其他 **Developers** 文件夹（见下图）。

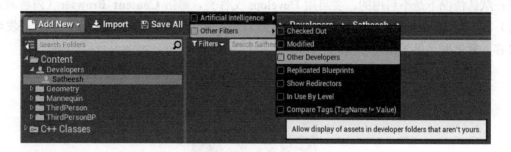

当你与团队合作或拥有大量资源时，了解这一点对你有很大帮助。

就像使用 **Content Browser**（**内容浏览器**）查找导入的资源一样，可以使用 **World Outliner**（**世界大纲视图**）查找放置在关卡中的资源，还可以使用 **Layers**（**图层**）管理放置在关卡中的资源（见下图）。这两个窗口都可以从菜单栏中的 **Window**（**窗口**）中打开。

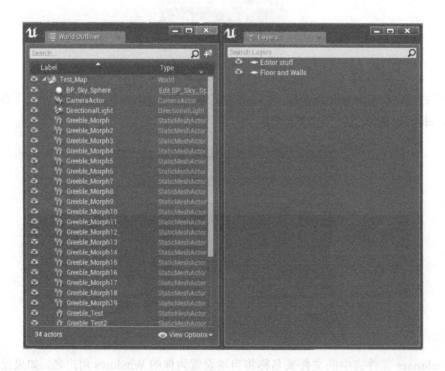

第 3 章讲述了 **Material Editor**（**材质编辑器**）以及常用节点。一个出色的材质艺术家可以完全改变游戏的真实感。主要因为材质和后期处理可以使游戏看起来逼真或卡通。我们学习的常见材质表达式不仅用于资源着色。例如，创建下图所示材质网络并应用于简单网格（例如，球体），查看会发生什么。

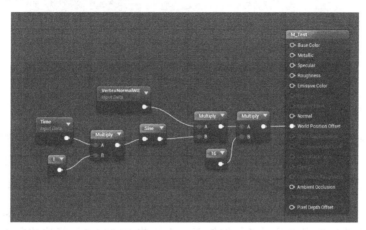

如果发现自己多次使用某一个材质网络，那么最好创建一个材质函数，该函数可以使图表简洁并更有条理。

随着游戏开发的继续，将使用 **Post Process Volume** 进行调整。可以修改游戏的整体外观。通过在蓝图或 C++中组合 **Post Process Volume**，甚至可以使用 **Post Process Volume** 来影响游戏的玩法。一个优秀的案例是 Batman Arkham（蝙蝠侠阿卡姆）系列游戏的侦探视野。可以在后期处理中使用材质来突出游戏世界中的特定对象，甚至可以使用它来渲染其他对象后面的网格轮廓。

决定最终游戏外观的另一个关键部分是光照。本书中介绍了不同的光源移动性和它们之间的差异，包括常见的光源设置以及如何影响游戏世界，还讨论了 Lightmass Global Illumination（全局光照），这是由 Epic Games 开发的静态全局光照解决方案。

如你所知，Lightmass 用于光照烘焙，因此 Lightmass 不支持动态光源。如果在游戏中使用 Lightmass，需要确保为所有静态网格（未设置为可移动）设置了第二个 UV 通道以获得适当的阴影。如果要使用动态光照（这意味着光照可以在运行时改变它们的任何属性，以白天和夜晚周期为例），Epic Games 已经包含了对**光线传播体积**（**Light Propagation Volume，LPV**）的支持。在撰写本书时，LPV 处于试验阶段，尚未准备好投入使用。另外一件值得一提的事是能够改变反射光的颜色。看一下下图所示材质网络。

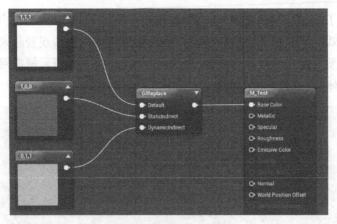

使用 **GIReplace** 材质节点，可以更改反射光的颜色。如果将前面的材质应用于网格并使用 Lightmass 构建光照，则反射光将是红色而不是白色。尽管我们不需要为反射光提供不同的颜色，但仍然可以应用此节点使反射光变暗或变亮，而无须调整 Lightmass 设置。

完成了所有基础设置后，就转到蓝图。**蓝图可视化脚本（Blueprint Visual Scripting）**是一个基于节点的功能强大且灵活的编辑器，可让艺术家和设计师快速制作游戏原型。主要使用两种常见的蓝图类型，它们是**关卡蓝图（Level Blueprint）**和**类蓝图（Class Blueprint）**。在这些蓝图中有事件图表、函数图表和宏图表。在**类蓝图**中，添加组件来定义蓝图以及它们的行为方式。蓝图中的节点应用了各种颜色来指示它们是什么类型的节点。一旦开始使用蓝图，你将熟悉所有节点颜色及其含义。我们看到如何从 Actor 类创建**类蓝图**，以及如何在游戏中动态生成它。我们还看到如何通过**关卡蓝图**与游戏世界中的对象进行交互。我们在关卡中放置了触发器，在**关卡蓝图**中为这些触发器创建了重叠事件，并学习了如何播放 Matinee 序列。

Matinee 是 Unreal Engine 4 中强大的工具之一，主要用于创建过场动画。本书第 7 章介绍了 Matinee UI 以及如何创建基本过场动画。由于 Matinee 与其他非线性视频编辑器类似，因此视频编辑专业人员很容易熟悉 Matinee。即使 Matinee 用于过场动画，也可以将它用于与游戏相关的元素，如打开门、移动电梯等，甚至可以使用 Matinee 将现有的过场动画导出为图像序列或 AVI 格式。

在介绍 Matinee 后，第 8 章讲述了**虚幻动态图形（Unreal Motion Graphics，UMG）**。UMG 是由 Epic Games 开发的 UI 创作工具。使用 UMG，我们为玩家创建了一个简单的 HUD，并学习了如何与玩家蓝图进行通信，以显示玩家的生命条。我们还为玩家在角色头顶制作了一个浮动的 3D 小部件。

接着，第 9 章讨论了有关级联粒子系统的知识。该章展示了粒子编辑器和级联粒子编辑器中可用的各种其他窗口。在学习了基础知识之后，使用 GPU Sprites 创建了一个基本的粒子系统，包含碰撞。最后，将粒子系统集成到蓝图中，并讨论了如何使用自定义事件和 Delay 节点随机爆破粒子。

最后，第 10 章介绍了 C++。该章讲述了各种版本的 Visual Studio 2015 以及如何下载 Visual Studio 2015 社区版。安装 IDE 后，基于第三人称模板创建了一个新的 C++项目。从那里我们将功能扩展到让角色类包括生命和恢复生命系统。该章还展示了如何为蓝图提供变量和函数，以及如何在蓝图中访问它们。

11.2 打包项目

既然你已经了解了 Unreal Engine 4 的大部分基础知识，下面我们就看看如何打包游戏。在打包游戏之前，需要确保为游戏设置了一个默认地图，该地图将在开始打包游戏时加载。可以从 **Project Settings**（项目设置）窗口中设置 **Game Default Map** 选项。例如，将 **Game Default Map** 选项设置为主菜单地图（见下图）。

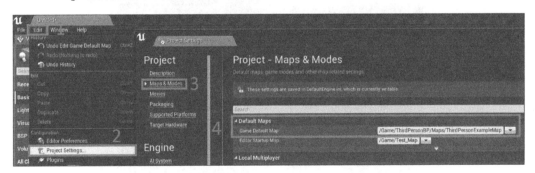

要设置游戏的默认地图，按以下步骤操作。

（1）单击 **Edit**（编辑）菜单。

（2）选择 **Project Settings**（项目设置）。

（3）选择 **Maps & Modes**（地图&模式）。

（4）在 **Game Default Map**（游戏默认地图）中选择新地图。

11.2.1 快速打包

设置 **Game Default Map**（游戏默认地图）选项后，如下图所示，选择 **File→Package Project→Build Configuration**（编译配置）。

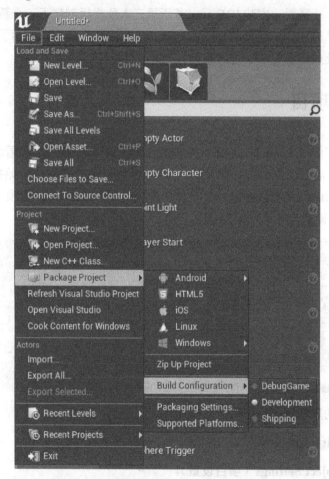

有 3 种类型的编译配置可用于打包项目。

- DebugGame（调试游戏）：此配置将包含所有调试信息。出于测试目的，可以使用此配置。

- Development（开发）：与 DebugGame 编译配置相比，此配置提供了更好的性能，因为它具有最小的调试支持。

- Shipping（发行）：这是要发布游戏时应该选择的设置。

一旦选择了编译配置，就可以单击 **File**（文件）→**Package Project**（打包项目）来打包项目，并选择平台。例如，下图展示了为 Windows 64 位系统打包游戏的选项。

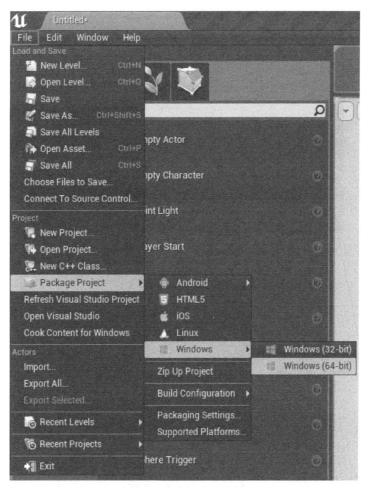

选择该选项后，编辑器可能会提示你选择目标目录以保存打包的游戏。设置路径后，编辑器开始编译和烘焙所选平台的内容。如果打包成功，将在所设置的目标目录下看到打包的游戏。

11.2.2 打包发布版本

前面提到的方法是快速打包并将游戏发布给最终用户。但是，上述方法无法为游戏构建 DLC 或补丁，因此本节将介绍如何为游戏创建发布版本。

首先，打开 **ProjectLauncher**（项目启动程序）窗口（见下图）。[①]**ProjectLauncher**（项目启动程序）提供游戏打包的高级工作流程。要创建自定义的启动描述文件，单击加号（+）按钮。

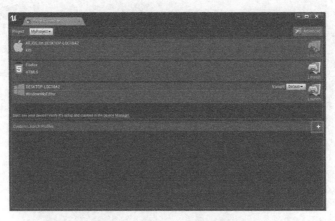

单击后，将看到一个带有新设置的新窗口，如下图所示。

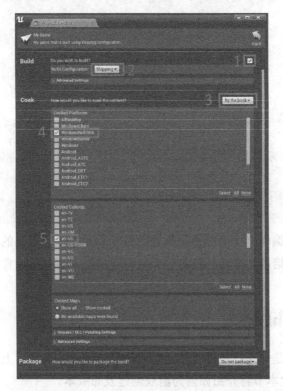

① 单击菜单栏中的 Window（窗口）→ProjectLauncher（项目启动程序）可打开 ProjectLauncher 窗口。——译者注

在上面的窗口中，执行以下操作。

（1）勾选 **Build**（**版本**）复选框。

（2）将 **Build Configuration**（**编译配置**）选项设置为 **Shipping**（**发行**）。

（3）将 Cook 下拉列表设置为 **By the book**（**常规**）。

（4）在这个例子中，选择 **WindowsNoEditor** 在 Windows 系统上进行测试。

（5）选择语言。这用于本地化，默认情况下，选择 **en-US**。

完成所有这些设置后，展开 **Release / DLC / Patching Settings**（**版本 / DLC / 补丁设置**）和 **Advanced Settings**（**高级设置**）部分。

在这些部分中执行以下操作（见下图）。

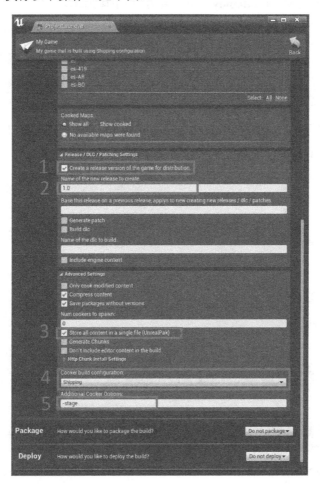

（1）勾选 **Create a release version of the game for distribution**（创建一个游戏的发布版本进行发布）复选框。

（2）将新版本的名称设置为 **1.0**。

（3）勾选 **Store all content in a single file (UnrealPak)**（在单个文件中存储所有内容（UnrealPak））复选框。

（4）将 **Cooker build configuration**（烘焙器编译配置）部分设置为 **Shipping**（发行）。

（5）将 **-stage** 命令行添加到 **Additional Cooker Option**（额外的烘焙器选项）中。请注意，输入后不要按 Enter 键。单击其他位置即可应用该命令。

设置完成后，将最后两个选项 **Package**（包）和 **Deploy**（部署）分别设置为 **Do not package**（不打包）与 **Do not deploy**（不部署），如下图所示。

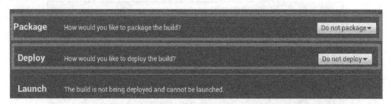

完成所有这些操作后，单击 **ProjectLauncher**（项目启动程序）窗口右上角的 **Back**（返回）按钮，将看到准备编译的新配置文件（见下图）。

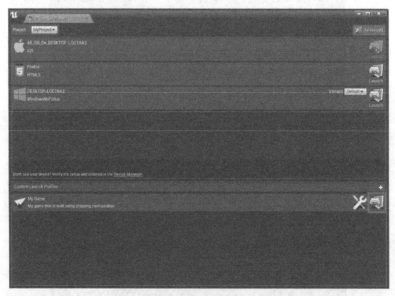

只须单击 **Launch**（启动）按钮，**ProjectLauncher** 就开始编译、烘焙和打包游戏（见

下图）。这可能需要一些时间，具体取决于游戏的复杂程度。

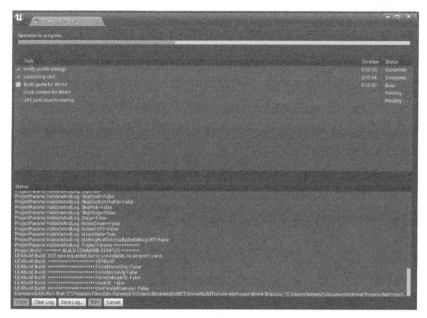

如果打包成功，那么可以在 **ProjectLauncher** 窗口中看到下图所示内容。

可以在 **Saved/StagedBuilds/WindowsNoEditor** 文件夹中找到打包的游戏。现在可以将此打包游戏发布给其他用户了。

11.3 小结

本书介绍了 Unreal Engine 4 的基础知识。本书首先介绍了如何下载引擎和如何导入资源，讨论了材质编辑器及其常见知识。然后讲述了后期处理，如何使用光照以及光照在游戏中的重要性，以及蓝图，它是 Unreal Engine 4 的可视化脚本语言。其次，本书继续介绍了 UMG，可以使用它在游戏中创建任何类型的菜单。由于游戏没有视觉效果和过场，因此本书展示了级联粒子编辑器和 Matinee。接着，本书展示了 C++的基础知识。最后，本书描述了如何打包游戏并发布游戏。

更 多 信 息

学习 Unreal Engine 4 的旅程并不止于此。可以通过访问以下网站进一步学习。

- 虚幻引擎社区
- 虚幻引擎官方渠道
- 虚幻引擎 YouTube 频道
- 虚幻引擎 AnswerHub
- 虚幻引擎文档